2023
中国环境统计年鉴
CHINA STATISTICAL YEARBOOK ON ENVIRONMENT

Compiled by
National Bureau of Statistics
Ministry of Ecology and Environment

国家统计局
生态环境部
编

中国环境统计年鉴 . 2023 = CHINA STATISTICAL YEARBOOK ON ENVIRONMENT 2023 : 汉英对照 / 国家统计局 , 生态环境部编 . -- 北京 : 中国统计出版社 , 2024.2
ISBN 978-7-5230-0407-4

Ⅰ . ①中 … Ⅱ . ①国 … ②生 … Ⅲ . ①环境统计－统计资料－中国－ 2023 －年鉴－汉、英 Ⅳ . ① X508.2-54

中国国家版本馆 CIP 数据核字 (2024) 第 048944 号

中国环境统计年鉴 2023

作　　者 / 国家统计局　生态环境部
责任编辑 / 冯诗萌
执行编辑 / 杜珞维
封面设计 / 黄　晨
出版发行 / 中国统计出版社有限公司
通信地址 / 北京市丰台区西三环南路甲 6 号　邮政编码 /100073
发行电话 / 邮购（010）63376909　书店（010）68783171
网　　址 / http://www.zgtjcbs.com/
印　　刷 / 三河市双峰印刷装订有限公司
经　　销 / 新华书店
开　　本 / 880×1230 毫米　1/16
字　　数 / 533 千字
印　　张 / 16
版　　别 / 2024 年 3 月第 1 版
版　　次 / 2024 年 3 月第 1 次印刷
定　　价 / 260.00 元

《中国环境统计年鉴 2023》

编委会和编辑人员

CHINA STATISTICAL YEARBOOK ON ENVIRONMENT 2023

EDITORIAL BOARD AND STAFF

编 者 说 明

一、《中国环境统计年鉴 2023》是国家统计局和生态环境部及其他有关部委共同编辑完成的一本反映我国环境各领域基本情况的年度综合统计资料。本书收录了 2022 年全国各省、自治区、直辖市环境各领域的基本数据和主要年份的全国主要环境统计数据。

二、本书内容共分为十个部分，即：1. 自然状况；2. 水环境；3. 海洋环境；4. 大气环境；5. 固体废物；6. 自然生态；7. 自然灾害及突发事件；8. 环境投资；9. 城市环境；10. 农村环境。同时附录四个部分：资源环境主要统计指标、东中西部地区主要环境指标、世界主要国家和地区环境统计指标、主要统计指标解释。

三、本书中所涉及的全国性统计指标，除国土面积和森林资源数据外，均未包括香港特别行政区、澳门特别行政区和台湾省数据；取自国家林业和草原局的数据中，大兴安岭由国家林业和草原局直属管理，与各省、自治区、直辖市并列，数据与其他省没有重复。

四、有关符号说明：

“空格”表示该项统计指标数据不详或无该项数据；

“#”表示是其中的主要项。

五、参与本书编辑的单位还有自然资源部、住房和城乡建设部、交通运输部、水利部、农业农村部、应急管理部、中国气象局、国家林业和草原局。对上述单位有关人员在本书编辑过程中给予的大力支持与合作，表示衷心的感谢。

EDITOR'S NOTES

I. China Statistical Yearbook on Environment 2023 is prepared jointly by the National Bureau of Statistics, Ministry of Ecology and Environment and other ministries. It is an annual statistics publication, with comprehensive data in 2022 and selected data series in major years at national level and at provincial level (province, autonomous region, and municipality directly under the central government) and therefore reflecting various aspects of China's environmental development.

II. China Statistical Yearbook on Environment -2023 contains 10 chapters: l. Natural Conditions; 2. Freshwater Environment; 3. Marine Environment; 4. Atmospheric Environment; 5. Solid Wastes; 6. Natural Ecology; 7. Natural Disasters & Environmental Accidents; 8. Environmental Investment; 9. Urban Environment; 10. Rural Environment. Four appendixes listed as Main Indicators of Resource and Environment; Main Environmental Indicators by Eastern, Central and Western; Main Environmental Indicators of the World's Major Countries and Regions; Explanatory Notes on Main Statistical Indicators.

III. The national data in this book do not include that of Hong Kong Special Administrative Region, Macao Special Administrative Region and Taiwan Province except for territory and forest resources. The information gathered from National Forestry and Grassland Administration, Daxinganling is affiliated to the National Forestry and Grassland Administration, tied with the provinces, autonomous regions, municipalities under the central government, without duplication of data.

IV. Notations used in this book:

"(blank) " indicates that the data are not available;

" # " indicates the major items of the total.

V. The institutions participating in the compilation of this publication include: Ministry of Natural Resources, Ministry of Housing and Urban-Rural Development, Ministry of Transport, Ministry of Water Resource, Ministry of Agriculture and Rural Affairs, Ministry of Emergency Management, China Meteorological Administration, National Forestry and Grassland Administration. We would like to express our gratitude to these institutions for their cooperation and support in preparing this publication.

目　　录

CONTENTS

一、自然状况

Natural Conditions

二、水环境

Freshwater Environment

三、海洋环境
Marine Environment

四、大气环境
Atmospheric Environment

五、固体废物
Solid Wastes

六、自然生态
Natural Ecology

七、自然灾害及突发事件
Natural Disasters & Environmental Accidents

八、环境投资
Environmental Investment

九、城市环境
Urban Environment

十、农村环境
Rural Environment

附录一、资源环境主要统计指标
APPENDIX Ⅰ. Main Indicators of Resources & Environment Statistics

附录二、东中西部地区主要环境指标
APPENDIX Ⅱ. Main Environmental Indicators by Eastern, Central & Western

附录三、世界主要国家和地区环境统计指标
APPENDIX Ⅲ. Main Environmental Indicators of the World's Major Countries and Regions

一、自然状况

Natural Conditions

1-1 自然状况 Natural Conditions

项　　目		Item		2022
国土		Territory		
国土面积	(万平方公里)	Area of Territory	(10 000 sq.km)	960
海域面积	(万平方公里)	Area of Sea	(10 000 sq.km)	473
海洋平均深度	(米)	Average Depth of Sea	(m)	961
海洋最大深度	(米)	Maximum Depth of Sea	(m)	5377
岸线总长度	(公里)	Length of Coastline	(km)	32000
大陆岸线长度		Mainland Shore		18000
岛屿岸线长度		Island Shore		14000
岛屿个数	(个)	Number of Islands		5400
岛屿面积	(万平方公里)	Area of Islands	(10 000 sq.km)	3.87
气候		Climate		
热量分布	(积温≥0℃)	Distribution of Heat (Accumulated Temperature≥0℃)		
黑龙江北部及青藏高原		Northern Heilongjiang and Tibet Plateau		2000-2500
东北平原		Northeast Plain		3000-4000
华北平原		North China Plain		4000-5000
长江流域及以南地区		Changjiang (Yangtze) River Drainage Area and the Area to the south of it		5800-6000
南岭以南地区		Area to the South of Nanling Mountain		7000-8000
降水量	(毫米)	Precipitation	(mm)	
台湾中部山区		Mid-Taiwan Mountain Area		≥4000
华南沿海		Southern China Coastal Area		1600-2000
长江流域		Changjiang River Valley		1000-1500
华北、东北		Northern and Northeastern Area		400-800
西北内陆		Northwestern Inland		100-200
塔里木盆地、吐鲁番盆地和柴达木盆地		Tarim Basin, Turpan Basin and Qaidam Basin		≤25
气候带面积比例	(国土面积=100)	Percentage of Climatic Zones to Total Area of Territory	(Territory Area=100)	
湿润地区	(干燥度<1.0)	Humid Zone	(aridity<1.0)	32
半湿润地区	(干燥度=1.0−1.5)	Semi-Humid Zone	(aridity 1.0-1.5)	15
半干旱地区	(干燥度=1.5−2.0)	Semi-Arid Zone	(aridity 1.5-2.0)	22
干旱地区	(干燥度>2.0)	Arid Zone	(aridity>2.0)	31

注：1.气候资料为多年平均值。
　　2.岛屿面积未包括香港、澳门特别行政区和台湾省。

Notes: a) The climate data refer to the average figures in many years.
　　b) Island area does not include that of Hong Kong Special Administrative Region, Macao Special Administrative Region and Taiwan.

1−2 土地状况(2022年)
Land Use(2022)

项　目	Item	面　积 (万平方公里) Area (10 000 sq.km)
耕地	Cultivated Land	127.58
园地	Garden Land	20.11
林地	Forest Land	283.55
草地	Grassland	264.29
湿地	Wetland	23.57
城镇村及工矿用地	Land for Urban, Rural, Industrial and Mining Activities	35.97
交通运输用地	Land Used for Transport	10.19
水域及水利设施用地	Land Used for Water and Water Conservancy Facilities	36.30

1−3 主要山脉基本情况
Main Mountain Ranges

名　称	Mountain Range	山峰高程(米) Height of Mountain Peak (m)	雪线高程(米) Height of Snow Line (m)	冰川面积 (平方公里) Glacier Area (sq.km)
阿尔泰山	Altay Mountains	4374	3000-3200	287
天山	Tianshan Mountains	7435	3600-4400	9548
祁连山	Qilian Mountains	5826	4300-5240	2063
帕米尔	Pamirs	7579		2258
昆仑山	Kunlun Mountains			11639
喀喇昆仑山	Karakorum Mountain	8611	5100-5400	3265
唐古拉山	Tanggula Mountains	6137		2082
羌塘高原	Qiangtang Plateau	6596		3566
念青塘古拉山	Nyainqentanglha Mountains	7111	4500-5700	7536
横断山	Hengduan Mountains	7556	4600-5500	1456
喜玛拉雅山	The Himalayas	8844	4300-6200	11055
冈底斯山	Gangdisi Mountains	7095	5800-6000	2188

1−4 主要河流基本情况
Major Rivers

名　称	River	流域面积 (平方公里) Drainage Area (sq.km)	河　长 (公里) Length (km)	年径流量 (亿立方米) Annual Flow (100 million cu.m)
长　江	Changjiang River (Yangtze River)	1782715	6300	9857
黄　河	Huanghe River (Yellow River)	752773	5464	592
松 花 江	Songhuajiang River	561222	2308	818
辽　河	Liaohe River	221097	1390	137
珠　江	Zhujiang River (Pearl River)	442527	2214	3381
海　河	Haihe River	265511	1090	163
淮　河	Huaihe River	268957	1000	595

1-5 主要城市气候情况(2022年)
Climate of Major Cities (2022)

城　市	City	年平均气温(摄氏度) Annual Average Temperature (℃)	年极端最高气温(摄氏度) Annual Maximum Temperature (℃)	年极端最低气温(摄氏度) Annual Minimum Temperature (℃)	年平均相对湿度(%) Annual Average Humidity (%)	全年日照时数(小时) Annual Sunshine Hours (hour)	全年降水量(毫米) Annual Precipitation (millimeter)
北　京	Beijing	13.4	39.2	-11.3	53	2579.1	585.4
天　津	Tianjin	13.6	40.1	-11.7	58	2721.1	618.2
石家庄	Shijiazhuang	14.7	42.6	-8.4	57	2429.4	446.0
太　原	Taiyuan	11.2	37.4	-15.9	59	2253.5	502.3
呼和浩特	Hohhot	7.6	35.3	-23.1	47	2919.4	254.0
沈　阳	Shenyang	8.7	34.6	-22.1	64	2386.7	1039.7
大　连	Dalian	11.9	32.7	-11.4	63	2404.4	1007.1
长　春	Changchun	6.9	32.6	-24.9	64	2406.2	732.5
哈尔滨	Harbin	5.2	34.1	-28.8	68	2566.1	552.9
上　海	Shanghai	18.0	40.0	-5.4	73	2134.7	1044.1
南　京	Nanjing	17.6	40.4	-5.8	67	2138.6	819.8
杭　州	Hangzhou	18.4	41.8	-3.1	73	1943.1	1500.6
合　肥	Hefei	16.9	40.1	-8.3	74	2212.8	805.6
福　州	Fuzhou	21.2	41.9	2.6	73	1621.3	1318.7
南　昌	Nanchang	19.4	39.6	-1.7	70	1816.5	1559.1
济　南	Jinan	15.5	40.0	-9.2	53	2608.0	906.8
青　岛	Qingdao	13.8	34.7	-7.3	69	2324.1	133.2
郑　州	Zhengzhou	16.7	42.3	-5.6	59	1882.1	470.6
武　汉	Wuhan	18.0	39.7	-6.9	75	1799.6	1250.7
长　沙	Changsha	18.1	39.7	-3.3	76	1614.8	1338.2
广　州	Guangzhou	22.0	38.1	4.3	79	1774.6	1959.8
南　宁	Nanning	21.8	37.4	4.2	76	1480.2	1105.9
桂　林	Guilin	20.6	39.2	1.8	67	1489.0	2168.0
海　口	Haikou	24.5	36.6	8.7	85	1720.7	2020.9
重　庆	Chongqing	20.5	43.7	3.3	70	1392.3	1082.4
成　都	Chengdu	17.3	39.4	-1.8	80	1282.0	983.1
贵　阳	Guiyang	15.0	34.9	-3.2	78	1492.1	1056.5
昆　明	Kunming	16.1	30.3	-1.4	71	2512.2	1033.2
拉　萨	Lhasa	10.1	28.8	-11.5	34	3071.3	273.5
西　安	Xi'an	15.9	40.4	-6.1	62	2088.1	571.8
兰　州	Lanzhou	8.7	37.4	-22.5	50	2496.8	195.1
西　宁	Xining	6.9	34.4	-19.0	53	2519.7	515.4
银　川	Yinchuan	11.0	39.1	-16.3	49	2661.1	259.9
乌鲁木齐	Urumqi	9.0	38.5	-22.7	51	2635.9	204.6

资料来源：中国气象局。
注：2004年起，成都站被温江站替代、兰州站被皋兰站替代；2006年起，重庆站被沙坪坝站替代、西安站被泾河站替代。
Source: China Meteorological Administration.
Note:Since 2004, Chengdu station was substituted by Wenjiang station, Lanzhou by Gaolan; Since 2006, Chongqing station was substituted by Shapingba station, Xi'an by Jinghe.

Climate of Major Cities (2022)

二、水环境

Freshwater Environment

2-1 全国水环境情况(2000-2022年)
Freshwater Environment(2000-2022)

年 份 Year	水资源总量 (亿立方米) Total Amount of Water Resources (100 million cu.m)	地表水资源量 Surface Water Resources	地下水资源量 Ground Water Resources	地表水与地下水资源重复量 Duplicated Amount of Surface Water and Ground Water	降水量 (亿立方米) Precipitation (100 million cu.m)	人均水资源量 (立方米/人) Per Capita Water Resources (cu.m/person)
2000	27701	26562	8502	7363	60092	2193.9
2001	26868	25933	8390	7456	58122	2112.5
2002	28261	27243	8697	7679	62610	2207.2
2003	27460	26251	8299	7090	60416	2131.3
2004	24130	23126	7436	6433	56876	1856.3
2005	28053	26982	8091	7020	61010	2151.8
2006	25330	24358	7643	6671	57840	1932.1
2007	25255	24242	7617	6604	57763	1916.3
2008	27434	26377	8122	7065	62000	2071.1
2009	24180	23125	7267	6212	55959	1816.3
2010	30906	29798	8417	7308	65850	2310.4
2011	23257	22214	7214	6171	55133	1729.1
2012	29529	28373	8296	7141	65150	2180.5
2013	27958	26839	8081	6963	62674	2050.8
2014	27267	26264	7745	6742		1987.6
2015	27963	26901	7797	6735	62569	2026.5
2016	32466	31274	8855	7662	68672	2339.4
2017	28761	27746	8310	7295		2059.9
2018	27463	26323	8247	7107	64618	1957.7
2019	29041	27993	8192	7144	61660	2062.9
2020	31605	30407	8554	7355	66899	2239.8
2021	29638	28311	8196	6868	65426	2098.5
2022	27088	25984	7924	6821	59736	1918.2

注：1.2011年原环境保护部对统计制度中的指标体系、调查方法及相关技术规定等进行了修订，统计范围扩展为工业源、农业源、城镇生活源、机动车、集中式污染治理设施5个部分。

2.以第二次全国污染源普查成果为基准，生态环境部依法组织对2016—2019年污染源统计初步数据进行了更新，2016年之后数据与以前年份不可比。统计调查对象为全国排放污染物的工业源、农业源、生活源、集中式污染治理设施、机动车。其中，农业源包括大型畜禽养殖场，生活源包括第三产业以及城镇居民生活源。

3.2020年生态环境部对排放源统计调查的部分调查范围、指标及方式方法进行了修订。废水污染物农业源由大型畜禽养殖场扩展至种植业、畜禽养殖业(含规模养殖场及规模以下养殖户)和水产养殖业；生活源由第三产业以及城镇居民生活源扩展至第三产业以及城镇、农村居民生活源。

Note: a)In 2011, indicators of statistical system, method of survey, and related technologies were revised by the former Ministry of Environmental Protection, statistical scope expands to 5 parts: industry source, agriculture source, urban domestic source, vehicle and centralized pollution control facilities.

b)Reference to the benchmarks of the Second National Pollution Sources Census, the Ministry of Ecology and Environment has adjusted and updated relevant data of pollution sources in 2016-2019, which are not comparable to the data of previous years. The statistical scope inclues industry source, agriculture source, domestic source, vehicle and centralized pollution control facilities. The agriculture source includes livestock and poultry farm in large scale. The domestic source includes tertiary industry and urban domestic source.

c)In 2020, the scope, indicators and method of the survey of emission sources were revised by the Ministry of Ecology and Environment. For wastewater discharge, the agriculture source was expanded from livestock and poultry farm in large scale to planting industry, livestock and poultry industry(which includes large scale farm and small scale farmer) and aquaculture industry. Domestic source was expanded from tertiary industry and urban domestic source to tertiary industry and urban and rural domestic source.

2-1 续表 1 continued 1

年 份 Year	供水总量 (亿立方米) Total Amount of Water Supply (100 million cu.m)	地表水 Surface Water	地下水 Ground Water	其他 Other	用水总量 (亿立方米) Total Amount of Water Use (100 million cu.m)	农业用水 Agriculture	工业用水 Industry
2000	5530.7	4440.4	1069.2	21.1	5497.6	3783.5	1139.1
2001	5567.4	4450.7	1094.9	21.9	5567.4	3825.7	1141.8
2002	5497.3	4404.4	1072.4	20.5	5497.3	3736.2	1142.4
2003	5320.4	4286.0	1018.1	16.3	5320.4	3432.8	1177.2
2004	5547.8	4504.2	1026.4	17.2	5547.8	3585.7	1228.9
2005	5633.0	4572.2	1038.8	22.0	5633.0	3580.0	1285.2
2006	5795.0	4706.7	1065.5	22.7	5795.0	3664.4	1343.8
2007	5818.7	4723.9	1069.1	25.7	5818.7	3599.5	1403.0
2008	5910.0	4796.4	1084.8	28.7	5910.0	3663.5	1397.1
2009	5965.2	4839.5	1094.5	31.2	5965.2	3723.1	1390.9
2010	6022.0	4881.6	1107.3	33.1	6022.0	3689.1	1447.3
2011	6107.2	4953.3	1109.1	44.8	6107.2	3743.6	1461.8
2012	6131.2	4952.8	1133.8	44.6	6131.2	3902.5	1380.7
2013	6183.4	5007.3	1126.2	49.9	6183.4	3921.5	1406.4
2014	6094.9	4920.5	1116.9	57.5	6094.9	3869.0	1356.1
2015	6103.2	4969.5	1069.2	64.5	6103.2	3852.2	1334.8
2016	6040.2	4912.4	1057.0	70.8	6040.2	3768.0	1308.0
2017	6043.4	4945.5	1016.7	81.2	6043.4	3766.4	1277.0
2018	6015.5	4952.7	976.4	86.4	6015.5	3693.1	1261.6
2019	6021.2	4982.5	934.2	104.5	6021.2	3682.3	1217.6
2020	5812.9	4792.3	892.5	128.1	5812.9	3612.4	1030.4
2021	5920.2	4928.1	853.8	138.3	5920.2	3644.3	1049.6
2022	5998.2	4994.2	828.2	175.8	5998.2	3781.3	968.4

2-1 续表 2 continued 2

年 份 Year	生活用水 Household and Service	人工生态环境补水 Artificial Eco-environment	人均用水量 (立方米) Water Use per Capita (cu.m)	废水排放总量 (亿吨) Waste Water Discharge (100 million tons)	#工业 Industrial Discharge	#生活 Domestic Discharge
2000	574.9		435.4	415.2	194.2	220.9
2001	599.9		437.7	432.9	202.6	230.2
2002	618.7		429.3	439.5	207.2	232.3
2003	630.9	79.5	412.9	459.3	212.3	247.0
2004	651.2	82.0	428.0	482.4	221.1	261.3
2005	675.1	92.7	432.1	524.5	243.1	281.4
2006	693.8	93.0	442.0	536.8	240.2	296.6
2007	710.4	105.7	441.5	556.8	246.6	310.2
2008	729.3	120.2	446.2	571.7	241.7	330.0
2009	748.2	103.0	448.1	589.1	234.4	354.7
2010	765.8	119.8	450.2	617.3	237.5	379.8
2011	789.9	111.9	454.1	659.2	230.9	427.9
2012	739.7	108.3	452.8	684.8	221.6	462.7
2013	750.1	105.4	453.6	695.4	209.8	485.1
2014	766.6	103.2	444.3	716.2	205.3	510.3
2015	793.5	122.7	442.3	735.3	199.5	535.2
2016	821.6	142.6	435.2			
2017	838.1	161.9	432.8			
2018	859.9	200.9	428.8			
2019	871.7	249.6	427.7			
2020	863.1	307.0	411.9			
2021	909.4	316.9	419.2			
2022	905.7	342.8	424.7			

2-1 续表 3 continued 3

年 份 Year	化学需氧量排放总量(万吨) COD Discharge (10 000 tons)	#工业 Industrial Discharge	#生活 Domestic Discharge	氨 氮 排放量(万吨) Ammonia Nitrogen Discharge (10 000 tons)	#工业 Industrial Discharge	#生活 Domestic Discharge
2000	1445.0	704.5	740.5			
2001	1404.8	607.5	797.3	125.2	41.3	83.9
2002	1366.9	584.0	782.9	128.8	42.1	86.7
2003	1333.9	511.8	821.1	129.6	40.4	89.2
2004	1339.2	509.7	829.5	133.0	42.2	90.8
2005	1414.2	554.7	859.4	149.8	52.5	97.3
2006	1428.2	541.5	886.7	141.4	42.5	98.9
2007	1381.8	511.1	870.8	132.3	34.1	98.3
2008	1320.7	457.6	863.1	127.0	29.7	97.3
2009	1277.5	439.7	837.9	122.6	27.4	95.3
2010	1238.1	434.8	803.3	120.3	27.3	93.0
2011	2499.9	354.8	938.8	260.4	28.1	147.7
2012	2423.7	338.5	912.8	253.6	26.4	144.6
2013	2352.7	319.5	889.8	245.7	24.6	141.4
2014	2294.6	311.4	864.4	238.5	23.2	138.2
2015	2223.5	293.5	846.9	229.9	21.7	134.1
2016	658.1	122.8	473.5	56.8	6.5	48.4
2017	608.9	91.0	483.8	50.9	4.4	45.4
2018	584.2	81.4	476.8	49.4	4.0	44.7
2019	567.1	77.2	469.9	46.3	3.5	42.1
2020	2636.8	49.7	918.9	99.3	2.1	70.7
2021	2614.7	42.3	811.8	87.7	1.7	58.0
2022	2595.8	36.9	772.2	82.0	1.4	52.5

2-2 各流域水资源情况(2022年)
Water Resources by River Valley (2022)

单位：亿立方米 (100 million cu.m)

流域片	River Valley	水资源总量 Total Amount of Water Resources	地表水资源量 Surface Water Resources	地下水资源量 Ground Water Resources	地表水与地下水资源重复量 Duplicated Amount of Surface Water and Ground Water	降水量 Precipitation 亿立方米 (100 million cu.m)	降水量 Precipitation 毫米 (millimeter)
全　国	**National Total**	**27088.1**	**25984.4**	**7924.4**	**6820.7**	**59736.0**	**631.5**
松花江区	Songhuajiang River	1807.6	1565.6	550.4	308.4	5158.5	560.0
#松花江	Songhuajiang River	1221.0	1045.9	379.6	204.5	3338.1	602.0
辽河区	Liaohe River	798.4	690.3	240.5	132.4	2160.3	688.0
#辽河	Liaohe River	389.5	287.3	161.6	59.4	1281.9	579.0
海河区	Haihe River	383.5	202.6	283.5	102.6	1771.4	554.4
#海河	Haihe River	332.2	166.6	251.1	85.5	1516.4	571.9
黄河区	Huanghe River	700.7	577.6	391.3	268.2	3706.8	465.8
淮河区	Huaihe River	831.8	614.6	400.4	183.2	2590.6	783.1
#淮河	Huaihe River	582.8	403.5	303.6	124.3	1970.0	731.2
长江区	Changjiang River	8590.5	8485.6	2310.2	2205.3	17293.9	969.6
#太湖	Taihu Lake	157.1	141.6	42.0	26.5	407.6	1098.8
东南诸河区	Southeastern Rivers	1953.0	1940.5	465.1	452.6	3449.7	1649.8
珠江区	Zhujiang River	5423.0	5404.0	1245.3	1226.3	9994.1	1729.3
#珠江	Zhujiang River	3912.3	3907.8	870.7	866.2	7208.5	1633.1
西南诸河区	Southwestern Rivers	5166.0	5166.0	1256.4	1256.4	8416.2	994.2
西北诸河区	Northwestern Rivers	1433.6	1337.6	781.3	685.3	5194.6	154.5

资料来源：水利部(以下各表同)。
Source:Ministry of Water Resource (the same as in the following tables).

2−3 各流域供水和用水情况(2022年) Water Supply and Use by River Valley (2022)

单位：亿立方米 (100 million cu.m)

流域片	River Valley	供水总量 Total Amount of Water Supply	地表水 Surface Water	地下水 Ground Water	其 他 Other
全 国	**National Total**	**5998.2**	**4994.2**	**828.2**	**175.8**
松花江区	Songhuajiang River	432.0	280.8	145.8	5.4
#松花江	Songhuajiang River	310.3	205.5	100.0	4.8
辽河区	Liaohe River	188.6	85.3	94.4	8.9
#辽河	Liaohe River	142.2	55.0	82.2	5.0
海河区	Haihe River	370.7	204.4	128.0	38.3
#海河	Haihe River	339.1	189.3	113.8	35.9
黄河区	Huanghe River	391.6	262.4	107.5	21.7
淮河区	Huaihe River	639.1	482.8	128.4	27.9
#淮河	Huaihe River	563.4	436.0	106.4	21.1
长江区	Changjiang River	2143.6	2068.2	38.0	37.4
#太湖	Taihu Lake	346.1	337.4		8.7
东南诸河区	Southeastern Rivers	285.1	273.5	2.8	8.8
珠江区	Zhujiang River	779.1	745.1	16.1	17.9
#珠江	Zhujiang River	548.2	525.5	7.9	14.8
西南诸河区	Southwestern Rivers	106.2	101.8	3.2	1.1
西北诸河区	Northwestern Rivers	662.2	490.0	163.8	8.4

2−3 续表 continued

单位：亿立方米 (100 million cu.m)

流域片	River Valley	用水总量 Total Amount of Water Use	农业用水 Agriculture	工业用水 Industry	生活用水 Household and Service	人工生态环境补水 Artificial Eco-environment
全 国	**National Total**	**5998.2**	**3781.3**	**968.4**	**905.7**	**342.8**
松花江区	Songhuajiang River	432.0	360.1	23.5	27.7	20.7
#松花江	Songhuajiang River	310.3	255.0	21.6	24.3	9.5
辽河区	Liaohe River	188.6	127.8	17.7	31.4	11.7
#辽河	Liaohe River	142.2	105.5	10.4	18.5	7.7
海河区	Haihe River	370.7	186.9	38.9	69.9	75.0
#海河	Haihe River	339.1	169.9	32.6	64.6	72.0
黄河区	Huanghe River	391.6	258.9	43.0	55.8	33.9
淮河区	Huaihe River	639.1	433.5	64.7	100.5	40.4
#淮河	Huaihe River	563.4	402.0	50.4	80.0	30.9
长江区	Changjiang River	2143.6	1127.4	592.2	341.0	83.0
#太湖	Taihu Lake	346.1	68.6	207.0	60.6	9.9
东南诸河区	Southeastern Rivers	285.1	145.4	51.4	69.7	18.6
珠江区	Zhujiang River	779.1	467.5	115.0	173.5	23.2
#珠江	Zhujiang River	548.2	297.8	100.8	130.7	18.9
西南诸河区	Southwestern Rivers	106.2	86.0	5.5	12.7	1.9
西北诸河区	Northwestern Rivers	662.2	587.7	16.5	23.5	34.5

2-4 各地区水资源情况(2022年)
Water Resources by Region(2022)

单位：亿立方米 (100 million cu.m)

地 区	Region	水资源总量 Total Amount of Water Resources	地表水资源量 Surface Water Resources	地下水资源量 Ground Water Resources	地表水与地下水资源重复量 Duplicated Amount of Surface Water and Ground Water	降水量 Precipitation 亿立方米 (100 million cu.m)	降水量 Precipitation 毫米 (millimeter)	人均水资源量(立方米/人) Local Water Resources per Capita (cu.m/person)
全 国	**National Total**	**27088.1**	**25984.4**	**7924.4**	**6820.7**	**59736.0**	**631.5**	**1918.2**
北 京	Beijing	23.7	7.4	26.8	10.5	79.1	482.1	108.4
天 津	Tianjin	16.6	11.0	6.8	1.2	69.7	584.7	121.3
河 北	Hebei	188.0	88.5	152.8	53.3	953.7	508.1	252.9
山 西	Shanxi	153.5	108.2	112.6	67.3	926.0	592.5	441.0
内蒙古	Inner Mongolia	509.2	365.9	223.1	79.8	3120.8	271.8	2121.2
辽 宁	Liaoning	561.7	513.8	154.3	106.4	1328.6	914.6	1333.3
吉 林	Jilin	705.1	625.2	192.6	112.7	1538.0	820.7	2985.8
黑龙江	Heilongjiang	918.5	771.4	307.1	160.0	2622.6	578.8	2951.5
上 海	Shanghai	33.1	27.6	8.4	2.9	68.0	1072.8	133.4
江 苏	Jiangsu	192.8	142.5	102.7	52.4	834.8	813.3	226.6
浙 江	Zhejiang	934.3	918.0	208.3	192.0	1642.2	1567.0	1424.6
安 徽	Anhui	545.2	476.7	159.0	90.5	1366.5	979.8	890.8
福 建	Fujian	1174.7	1173.1	303.7	302.1	2120.8	1712.4	2805.3
江 西	Jiangxi	1556.2	1533.6	363.7	341.1	2670.0	1599.3	3441.0
山 东	Shandong	508.9	391.1	225.4	107.6	1375.5	878.0	500.6
河 南	Henan	249.4	172.2	140.4	63.2	1029.1	621.7	252.5
湖 北	Hubei	714.2	690.1	258.1	234.0	1835.2	987.2	1223.6
湖 南	Hunan	1683.8	1677.2	416.2	409.6	2765.1	1305.3	2546.2
广 东	Guangdong	2223.6	2213.3	546.2	535.9	3754.6	2114.3	1754.9
广 西	Guangxi	2208.5	2207.6	436.9	436.0	4015.5	1696.7	4380.2
海 南	Hainan	363.8	356.1	100.3	92.6	708.0	2068.6	3554.5
重 庆	Chongqing	373.5	373.5	82.6	82.6	778.9	945.2	1162.6
四 川	Sichuan	2209.2	2207.8	547.2	545.8	4095.2	842.7	2638.5
贵 州	Guizhou	912.4	912.4	246.5	246.5	1791.0	1016.6	2367.4
云 南	Yunnan	1742.8	1742.8	602.6	602.6	4498.0	1173.8	3714.8
西 藏	Tibet	4139.7	4139.7	928.1	928.1	6476.8	538.7	113416.4
陕 西	Shaanxi	365.8	330.6	139.9	104.7	1380.0	671.1	924.9
甘 肃	Gansu	231.0	221.6	112.7	103.3	1078.9	253.6	927.3
青 海	Qinghai	725.7	707.5	319.8	301.6	2376.1	341.1	12206.9
宁 夏	Ningxia	8.9	7.1	15.3	13.5	131.4	253.7	122.5
新 疆	Xinjiang	914.1	871.0	484.3	441.2	2306.0	141.3	3532.1

2-5 各地区供水和用水情况(2022年)
Water Supply and Use by Region (2022)

单位：亿立方米 (100 million cu.m)

地区	Region	供水总量 Total Amount of Water Supply	地表水 Surface Water	地下水 Ground Water	其他 Other	用水总量 Total Amount of Water Use	农业用水 Agriculture
全国	**National Total**	**5998.2**	**4994.2**	**828.2**	**175.8**	**5998.2**	**3781.3**
北京	Beijing	40.0	15.8	12.2	12.1	40.0	2.6
天津	Tianjin	33.6	24.8	2.7	6.0	33.6	10.0
河北	Hebei	182.4	95.8	72.2	14.4	182.4	100.4
山西	Shanxi	72.1	38.2	27.5	6.4	72.1	40.5
内蒙古	Inner Mongolia	191.5	95.8	88.7	6.9	191.5	143.4
辽宁	Liaoning	126.0	73.8	45.0	7.2	126.0	75.2
吉林	Jilin	104.5	70.3	31.5	2.7	104.5	76.6
黑龙江	Heilongjiang	307.7	193.8	111.3	2.6	307.7	273.8
上海	Shanghai	105.7	104.7		0.9	105.7	17.2
江苏	Jiangsu	611.8	595.0	2.8	14.0	611.8	285.8
浙江	Zhejiang	167.8	162.7	0.2	5.0	167.8	73.4
安徽	Anhui	300.5	269.0	24.1	7.4	300.5	175.7
福建	Fujian	167.9	159.5	2.9	5.4	167.9	97.2
江西	Jiangxi	269.8	260.6	6.1	3.0	269.8	194.5
山东	Shandong	217.0	130.3	69.3	17.3	217.0	122.7
河南	Henan	228.0	118.0	99.4	10.6	228.0	135.5
湖北	Hubei	353.1	343.4	5.0	4.7	353.1	195.7
湖南	Hunan	331.0	319.7	6.8	4.5	331.0	220.0
广东	Guangdong	401.7	383.5	6.5	11.7	401.7	198.7
广西	Guangxi	264.0	253.7	6.6	3.8	264.0	190.0
海南	Hainan	45.6	43.8	1.2	0.6	45.6	33.9
重庆	Chongqing	68.8	65.8	0.5	2.5	68.8	27.5
四川	Sichuan	251.6	242.0	5.9	3.6	251.6	164.8
贵州	Guizhou	96.3	94.0	1.1	1.2	96.3	63.1
云南	Yunnan	163.4	156.1	3.3	4.0	163.4	111.5
西藏	Tibet	31.8	29.0	2.7	0.1	31.8	27.1
陕西	Shaanxi	94.9	60.7	28.9	5.3	94.9	57.5
甘肃	Gansu	112.9	85.2	24.3	3.4	112.9	82.3
青海	Qinghai	24.5	18.5	5.1	0.8	24.5	17.1
宁夏	Ningxia	66.3	60.1	4.9	1.3	66.3	53.6
新疆	Xinjiang	566.4	430.7	129.5	6.2	566.4	513.9

2-5 续表 continued

单位：亿立方米 (100 million cu.m)

地 区	Region	工业用水 Industry	生活用水 Household and Service	人工生态环境补水 Artificial Eco-environment	人均用水量（立方米） Water Use per Capita (cu.m)
全 国	**National Total**	**968.4**	**905.7**	**342.8**	**424.7**
北 京	Beijing	2.4	18.6	16.4	182.9
天 津	Tianjin	4.6	7.2	11.7	245.6
河 北	Hebei	16.3	27.8	37.9	245.4
山 西	Shanxi	11.6	15.1	4.9	207.2
内蒙古	Inner Mongolia	13.2	11.3	23.5	797.8
辽 宁	Liaoning	15.0	26.4	9.4	299.1
吉 林	Jilin	8.7	12.8	6.4	442.5
黑龙江	Heilongjiang	14.6	15.4	3.9	988.8
上 海	Shanghai	63.0	23.8	1.6	425.9
江 苏	Jiangsu	245.5	65.6	14.9	718.9
浙 江	Zhejiang	35.4	52.5	6.6	255.9
安 徽	Anhui	78.9	36.1	9.8	491.0
福 建	Fujian	24.4	31.8	14.5	401.0
江 西	Jiangxi	42.2	29.2	3.8	596.6
山 东	Shandong	33.1	41.3	19.9	213.4
河 南	Henan	21.3	43.6	27.6	230.8
湖 北	Hubei	80.9	51.7	24.7	604.9
湖 南	Hunan	50.9	45.9	14.2	500.5
广 东	Guangdong	73.4	116.7	12.9	317.0
广 西	Guangxi	31.6	36.1	6.3	523.6
海 南	Hainan	1.4	9.1	1.2	445.5
重 庆	Chongqing	17.1	22.4	1.8	214.2
四 川	Sichuan	21.2	57.8	7.8	300.5
贵 州	Guizhou	11.2	20.3	1.7	249.9
云 南	Yunnan	14.2	27.6	10.0	348.3
西 藏	Tibet	1.1	3.3	0.4	871.2
陕 西	Shaanxi	10.7	20.2	6.5	239.9
甘 肃	Gansu	6.3	10.3	13.9	453.2
青 海	Qinghai	2.7	2.9	1.8	412.1
宁 夏	Ningxia	4.5	3.7	4.5	912.6
新 疆	Xinjiang	10.9	19.0	22.5	2188.6

2-6 流域分区河流水质状况评价结果(按评价河长统计)(2022年) Evaluation of River Water Quality by River Valley (by River Length) (2022)

流域分区	River	评价河长(千米) Evaluate Length (km)	分类河长占评价河长百分比(%) Classify River Length of Evaluate Length(%)					
			Ⅰ类 Grade I	Ⅱ类 Grade II	Ⅲ类 Grade III	Ⅳ类 Grade IV	Ⅴ类 Grade V	劣Ⅴ类 Worse than Grade V
全 国	**National Total**	**235189**	**7.8**	**55.1**	**23.1**	**9.6**	**2.6**	**1.8**
松花江区	Songhuajiang River	22430		27.9	42.3	23.1	4.9	1.8
#松花江	Songhuajiang River	16120		36.6	38.7	19.1	3.3	2.3
辽河区	Liaohe River	8198	9.1	30.3	37.7	17.5	2.3	3.1
#辽河	Liaohe River	4705		17.8	50.7	25.1	2.0	4.4
海河区	Haihe River	17034	1.0	47.4	26.0	14.7	5.8	5.1
#海河	Haihe River	13796	1.3	42.7	29.2	15.6	6.1	5.1
黄河区	Huanghe River	16448	10.9	57.2	16.9	3.9	2.9	8.2
淮河区	Huaihe River	21222		12.4	45.9	31.6	8.8	1.3
#淮河	Huaihe River	20617		11.1	46.2	32.3	9.1	1.3
长江区	Changjiang River	71382	8.0	67.2	19.8	3.8	0.7	0.5
#太湖	Taihu Lake	4840	0.4	17.2	68.4	11.6	1.9	0.5
东南诸河区	Southeastern Rivers	6860	2.1	67.5	25.3	4.3		0.8
珠江区	Zhujiang River	32639	6.6	71.6	14.1	4.7	2.0	1.0
#珠江	Zhujiang River	25329	7.1	75.2	10.0	4.7	2.0	1.0
西南诸河区	Southwestern Rivers	21794	6.2	74.6	14.8	2.6	0.7	1.1
西北诸河区	Northwestern Rivers	17183	35.8	50.1	6.5	5.0	1.6	1.0

2-7 主要水系水质状况评价结果(按监测断面统计)(2022年) Evaluation of River Water Quality by Water System (by Monitoring Sections) (2022)

主要水系	Main Water System	监测断面个数(个) Number of Monitoring Sections (unit)	分类水质断面占全部断面百分比(%) Proportion of Monitored Section Water Quality(%)					
			Ⅰ类 Grade I	Ⅱ类 Grade II	Ⅲ类 Grade III	Ⅳ类 Grade IV	Ⅴ类 Grade V	劣Ⅴ类 Worse than Grade V
长 江	Changjiang River	1017	11.8	69.8	16.5	1.8	0.1	
黄 河	Huanghe River	270	7.2	57.8	22.4	8.4	1.9	2.3
珠 江	Zhujiang River	364	10.4	63.5	20.3	4.9	0.5	0.3
松花江	Songhuajiang River	255		20.1	50.4	23.6	3.9	2.0
淮 河	Huanhe River	341	0.3	23.2	61.0	15.0	0.6	
海 河	Haihe River	247	12.6	30.1	32.1	24.4	0.8	
辽 河	Liaohe River	195	5.7	52.1	26.8	12.4	3.1	

资料来源：生态环境部(以下各表同)。
Source: Ministry of Ecology and Environment(the same as in the following tables).

2-8 重点评价湖泊水质状况(2022年)
Water Quality Status of Lakes in Key Evaluation (2022)

主要水系	Main Water System	所属行政区	Region	总体水质状况 Categories of Overall Water Quality	营养状况 Nutritional Status
白洋淀	Baiyangdian	雄安新区	Xiong'an New Area	良好	中营养
衡水湖	Hengshui Lake	衡水市	Hengshui	良好	轻度富营养
乌梁素海	Wuliangsu Lake	巴彦淖尔市	Bayan Nur	轻度污染	中营养
小兴凯湖	Xiaoxingkai Lake	鸡西市	Jixi	轻度污染	轻度富营养
兴凯湖	Xingkai Lake	鸡西市	Jixi	中度污染	轻度富营养
镜泊湖	Jingpo Lake	牡丹江市	Mudanjiang	良好	中营养
淀山湖	Dianshan Lake	上海市	Shanghai	轻度污染	轻度富营养
高邮湖	Gaoyou Lake	淮安市	Huai'an	轻度污染	轻度富营养
阳澄湖	Yangcheng Lake	苏州市	Suzhou	轻度污染	轻度富营养
洪泽湖	Hongze Lake	淮安市，宿迁市	Huaian,Suqian	轻度污染	轻度富营养
太湖	Taihu Lake	无锡市，苏州市	Wuxi,Suzhou	轻度污染	轻度富营养
白马湖	Baima Lake	淮安市	Huai'an	良好	轻度富营养
骆马湖	Luoma Lake	宿迁市	Suqian	良好	轻度富营养
东钱湖	Dongqian Lake	宁波市	Ningbo	优	中营养
西湖	West Lake	杭州市	Hangzhou	良好	中营养
龙感湖	Longgan Lake	安庆市，黄冈市	Anqing,Huanggang	轻度污染	轻度富营养
巢湖	Chaohu Lake	合肥市	Hefei	轻度污染	轻度富营养
南漪湖	Nanyi Lake	宣城市	Xuancheng	良好	轻度富营养
菜子湖	Caizi Lake	安庆市	Anqing	良好	中营养
焦岗湖	Jiaogang Lake	淮南市	Huainan	良好	轻度富营养
武昌湖	Wuchang Lake	安庆市	Anqing	良好	中营养
升金湖	Shengjin Lake	池州市	Chizhou	良好	轻度富营养
瓦埠湖	Wabu Lake	淮南市	Huainan	良好	轻度富营养
黄大湖	Huangda Lake	安庆市	Anqing	良好	轻度富营养
花亭湖	Huating Lake	安庆市	Anqing	优	中营养
仙女湖	Xiannv Lake	新余市	Xinyu	轻度污染	轻度富营养
鄱阳湖	Poyang Lake	上饶市，南昌市，九江市	Shangrao,Nanchang,Jiujiang	轻度污染	轻度富营养
柘林湖	Zhelin Lake	九江市	Jiujiang	优	中营养
东平湖	Dongping Lake	泰安市	Tai'an	良好	中营养
南四湖	Nansi Lake	济宁市	Jining	良好	轻度富营养
高唐湖	Gaotang Lake	聊城市	Liaocheng	优	中营养
洪湖	Honghu Lake	荆州市	Jingzhou	中度污染	中度富营养
斧头湖	Futou Lake	武汉市，咸宁市	Wuhan,Xianning	良好	轻度富营养
梁子湖	Liangzi Lake	武汉市，鄂州市	Wuhan,Ezhou	良好	轻度富营养
大通湖	Datong Lake	益阳市	Yiyang	中度污染	中度富营养
洞庭湖	Dongting Lake	岳阳市，常德市，益阳市	Yueyang,Changde,Yiyang	轻度污染	中营养
邛海	Qionghai Lake	凉山彝族自治州	Liangshan	优	贫营养
百花湖	Baihua Lake	贵阳市	Guiyang	优	中营养
红枫湖	Hongfeng Lake	贵阳市	Guiyang	优	中营养
万峰湖	Wanfeng Lake	黔西南布依族苗族自治州	Qianxinan	优	中营养
杞麓湖	Qilu Lake	玉溪市	Yuxi	重度污染	中度富营养
星云湖	Xingyun Lake	玉溪市	Yuxi	中度污染	轻度富营养
异龙湖	Yilong Lake	红河哈尼族彝族自治州	Honghe	重度污染	中度富营养
滇池	Dianchi	昆明市	Kunming	轻度污染	轻度富营养
程海	Chenghai Lake	丽江市	Lijiang	重度污染	中营养
阳宗海	Yangzonghai Lake	昆明市	Kunming	良好	中营养
洱海	Erhai	大理白族自治州	Dali	优	中营养
抚仙湖	Fuxian Lake	玉溪市	Yuxi	优	贫营养
泸沽湖	Lugu Lake	丽江市	Lijiang	优	贫营养
班公错	Bangongcuo	阿里地区	Ali	优	
色林错	Selincuo	那曲市	Naqu	轻度污染	
沙湖	Shahu Lake	石嘴山市	Shizuishan	轻度污染	中营养
香山湖	Xiangshan Lake	中卫市	Zhongwei	优	中营养
乌伦古湖	Wulungu Lake	阿勒泰地区	Aletai	重度污染	中营养
赛里木湖	Sailimu Lake	博尔塔拉蒙古自治州	Bortala	优	中营养
博斯腾湖	Bositeng Lake	巴音郭楞蒙古自治州	Bayingolin	良好	中营养

2-9 各地区废水排放情况(2022年)
Discharge of Waste Water by Region (2022)

单位：吨 (ton)

地 区	Region	化学需氧量排放总量 COD Discharged	工业 Industry	农业 Agriculture	生活 Domestic	集中式污染治理设施 Centralized Pollution Control Facilities
全 国	**National Total**	**25958408**	**368778**	**17857066**	**7721771**	**10792**
北 京	Beijing	44834	1335	11770	31711	19
天 津	Tianjin	155365	2301	126643	26405	16
河 北	Hebei	1527761	10377	1206756	310521	107
山 西	Shanxi	681429	3547	513601	164073	207
内蒙古	Inner Mongolia	791370	4750	673143	113390	87
辽 宁	Liaoning	1214518	10160	1031597	168986	3774
吉 林	Jilin	887126	5618	768318	112967	223
黑龙江	Heilongjiang	887350	5979	751271	129985	114
上 海	Shanghai	77724	7941	8535	61117	131
江 苏	Jiangsu	1240065	54204	760719	424894	249
浙 江	Zhejiang	468657	40930	87485	339974	269
安 徽	Anhui	1345953	12224	883384	450271	74
福 建	Fujian	563196	15840	210510	336651	195
江 西	Jiangxi	1076185	15888	719042	341052	202
山 东	Shandong	1420555	36953	939430	444072	100
河 南	Henan	1847950	12571	1314273	520962	144
湖 北	Hubei	1540824	11531	1104885	424297	110
湖 南	Hunan	1593795	10862	1231607	351117	209
广 东	Guangdong	1544620	33794	780559	730003	265
广 西	Guangxi	922694	15369	520013	386668	644
海 南	Hainan	182665	3774	108078	70785	28
重 庆	Chongqing	325723	7751	196862	120996	115
四 川	Sichuan	1268793	14693	721122	532636	342
贵 州	Guizhou	1179538	3172	938892	237188	286
云 南	Yunnan	658676	7625	419848	230363	841
西 藏	Tibet	132808	91	94940	37700	77
陕 西	Shaanxi	453029	6537	189036	256188	1268
甘 肃	Gansu	683112	2306	584743	95529	534
青 海	Qinghai	293731	1552	222195	69922	62
宁 夏	Ningxia	257644	2275	228353	26974	43
新 疆	Xinjiang	690718	6829	509459	174373	58

2–9 续表 1 continued 1

单位：吨 (ton)

地 区	Region	氨氮排放总量 Ammona Nitrogen Discharged	工业 Industry	农业 Agriculture	生活 Domestic	集中式污染治理设施 Centralized Pollution Control Facilities
全 国	**National Total**	**820341**	**13621**	**280577**	**525012**	**1131**
北 京	Beijing	2040	23	188	1828	1
天 津	Tianjin	2124	51	1194	877	3
河 北	Hebei	33102	418	15068	17610	6
山 西	Shanxi	14688	119	6110	8444	15
内蒙古	Inner Mongolia	15702	246	9064	6379	13
辽 宁	Liaoning	15449	322	9016	5901	211
吉 林	Jilin	11595	239	7059	4258	39
黑龙江	Heilongjiang	13245	427	8954	3843	21
上 海	Shanghai	2660	199	271	2188	2
江 苏	Jiangsu	40120	1920	16172	22016	13
浙 江	Zhejiang	28683	535	6011	22115	23
安 徽	Anhui	43081	557	18474	24036	14
福 建	Fujian	36313	529	11666	24088	30
江 西	Jiangxi	43705	1056	16380	26222	47
山 东	Shandong	44870	1106	15507	28252	5
河 南	Henan	46613	563	17168	28853	29
湖 北	Hubei	54991	611	21053	33313	14
湖 南	Hunan	57179	451	25262	31427	40
广 东	Guangdong	74958	1187	16193	57545	33
广 西	Guangxi	47908	495	15824	31443	146
海 南	Hainan	6718	105	1779	4829	5
重 庆	Chongqing	17549	288	3633	13621	7
四 川	Sichuan	58002	738	10915	46293	57
贵 州	Guizhou	23744	255	6965	16471	53
云 南	Yunnan	21971	330	6914	14630	97
西 藏	Tibet	3665	3	396	3249	17
陕 西	Shaanxi	23813	281	2156	21256	121
甘 肃	Gansu	5435	125	3134	2127	49
青 海	Qinghai	5985	75	1224	4676	10
宁 夏	Ningxia	2064	63	1126	868	6
新 疆	Xinjiang	22367	305	5701	16358	4

2-9 续表 2 continued 2

单位：吨 (ton)

地 区	Region	废水中污染物排放量 Amount of Pollutants Discharged in Waste Water					
		总氮 Total Nitrogen	总磷 Total Phosphorus	石油类 Petroleum	挥发酚（千克） Volatile Phenols (kg)	氰化物（千克） Cyanide (kg)	重金属（千克） Heavy Metals (kg)
全 国	**National Total**	**3171907**	**345571**	**1558**	**45205**	**22337**	**48124**
北 京	Beijing	9555	359	5	29	22	42
天 津	Tianjin	16738	1624	7	11	60	132
河 北	Hebei	126794	14691	110	5175	4030	672
山 西	Shanxi	57264	6799	24	1192	848	1512
内蒙古	Inner Mongolia	62741	4346	26	312	15	204
辽 宁	Liaoning	101237	13428	112	8236	882	251
吉 林	Jilin	63282	7816	19	434	245	516
黑龙江	Heilongjiang	82460	7726	16	745	253	75
上 海	Shanghai	27233	670	114	390	296	490
江 苏	Jiangsu	173910	17787	127	3008	1795	1274
浙 江	Zhejiang	120408	10076	109	1334	580	2833
安 徽	Anhui	163324	19936	64	761	992	2305
福 建	Fujian	115823	13242	47	716	749	2186
江 西	Jiangxi	134934	16678	94	9318	1941	5148
山 东	Shandong	158906	13665	148	2316	1080	3357
河 南	Henan	189738	21494	34	245	364	1391
湖 北	Hubei	198646	25863	49	845	2318	729
湖 南	Hunan	199965	26094	54	1936	1569	5424
广 东	Guangdong	290596	29476	121	917	1598	5881
广 西	Guangxi	193649	22813	18	399	612	2988
海 南	Hainan	29865	3917	1	268	11	79
重 庆	Chongqing	56963	4832	49	3040	313	241
四 川	Sichuan	187859	17162	62	320	29	856
贵 州	Guizhou	101978	15244	16	279	335	674
云 南	Yunnan	106469	9966	46	371	159	2094
西 藏	Tibet	9403	998	0	0		18
陕 西	Shaanxi	66825	4522	25	464	560	671
甘 肃	Gansu	34055	5170	18	309	206	848
青 海	Qinghai	19220	1334	5	240	153	4605
宁 夏	Ningxia	13669	2271	2	144	151	57
新 疆	Xinjiang	58397	5573	37	1450	170	570

2-10 各行业工业废水排放情况(2022年)
Discharge of Industrial Waste Water by Sector (2022)

行　业	Sector	化学需氧量排放量(吨) COD Discharged (ton)	氨氮排放量(吨) Ammona Nitrogen Discharged (ton)
行业总计	**Total**	**330218**	**12386**
农、林、牧、渔专业及辅助性活动	Professional and Support Activities for Agriculture, Forestry, Animal Husbandry and Fishery	427	26
煤炭开采和洗选业	Mining and Washing of Coal	6437	142
石油和天然气开采业	Extraction of Petroleum and Natural Gas	878	25
黑色金属矿采选业	Mining and Processing of Ferrous Metal Ores	1493	23
有色金属矿采选业	Mining and Processing of Non-ferrous Metal Ores	3762	233
非金属矿采选业	Mining and Processing of Non-metal Ores	1462	143
开采专业及辅助性活动	Professional and Support Activities for Mining	33	1
其他采矿业	Mining of Other Ores	2	0
农副食品加工业	Processing of Food from Agricultural Products	28836	1234
食品制造业	Manufacture of Foods	16962	1063
酒、饮料和精制茶制造业	Manufacture of Liquor, Beverages and Refined Tea	11657	455
烟草制品业	Manufacture of Tobacco	331	13
纺织业	Manufacture of Textile	55113	1138
纺织服装、服饰业	Manufacture of Textile, Wearing Apparel and Accessories	2693	101
皮革、毛皮、羽毛及其制品和制鞋业	Manufacture of Leather, Fur, Feather and Related Products and Footware	2841	115
木材加工和木、竹、藤、棕、草制品业	Processing of Timber, Manufacture of Wood, Bamboo, Rattan, Palm and Straw Products	182	4
家具制造业	Manufacture of Furniture	139	4
造纸及纸制品业	Manufacture of Paper and Paper Products	52253	1296
印刷和记录媒介复制业	Printing and Reproduction of Recording Media	174	13
文教、工美、体育和娱乐用品制造业	Manufacture of Articles for Culture, Education, Arts and Crafts, Sport and Entertainment Activities	195	7
石油、煤炭及其他燃料加工业	Processing of Petroleum, Coal and Other Fuels	11803	370

2–10 续表 continued

行　业	Sector	化学需氧量排放量(吨) COD Discharged (ton)	氨氮排放量(吨) Ammona Nitrogen Discharged (ton)
化学原料和化学制品制造业	Manufacture of Raw Chemical Materials and Chemical Products	44458	2664
医药制造业	Manufacture of Medicines	11848	471
化学纤维制造业	Manufacture of Chemical Fibers	11326	366
橡胶和塑料制品业	Manufacture of Rubber and Plastics Products	2102	76
非金属矿物制品业	Manufacture of Non-metallic Mineral Products	3123	97
黑色金属冶炼和压延加工业	Smelting and Pressing of Ferrous Metals	5212	315
有色金属冶炼和压延加工业	Smelting and Pressing of Non-ferrous Metals	3531	209
金属制品业	Manufacture of Metal Products	4931	159
通用设备制造业	Manufacture of General Purpose Machinery	1137	27
专用设备制造业	Manufacture of Special Purpose Machinery	825	23
汽车制造业	Manufacture of Automobiles	3169	70
铁路、船舶、航空航天和其他运输设备制造业	Manufacture of Railway, Ship, Aerospace and Other Transport Equipments	1743	39
电气机械和器材制造业	Manufacture of Electrical Machinery and Apparatus	4116	162
计算机、通信和其他电子设备制造业	Manufacture of Computers, Communication and Other Electronic Equipment	18716	759
仪器仪表制造业	Manufacture of Measuring Instruments and Machinery	108	5
其他制造业	Other Manufacture	278	9
废弃资源综合利用业	Utilization of Waste Resources	630	19
金属制品、机械和设备修理业	Repair Service of Metal Products, Machinery and Equipment	448	11
电力、热力生产和供应业	Production and Supply of Electric Power and Heat Power	8329	302
燃气生产和供应业	Production and Supply of Gas	22	1
水的生产和供应业	Production and Supply of Water	6497	194

2-11 各地区工业废水处理情况(2022年)
Treatment of Industrial Waste Water by Region (2022)

地 区	Region	工业废水治理设施数(套) Number of Industrial Waste Water Treatment Facilities (set)	工业废水治理设施处理能力(万吨/日) Capacity of Industrial Waste Water Treatment Facilities (10 000 tons/day)	工业废水治理设施运行费用(万元) Expenditure of Industrial Waste Water Treatment Facilities (10 000 yuan)
全 国	**National Total**	**72848**	**18379**	**7139186**
北 京	Beijing	516	50	30444
天 津	Tianjin	1002	84	75942
河 北	Hebei	3382	1649	379261
山 西	Shanxi	1603	506	157033
内蒙古	Inner Mongolia	1327	446	339670
辽 宁	Liaoning	1912	873	274823
吉 林	Jilin	610	163	51203
黑龙江	Heilongjiang	796	583	133414
上 海	Shanghai	1771	159	155586
江 苏	Jiangsu	7590	1110	768753
浙 江	Zhejiang	8711	1030	660805
安 徽	Anhui	3257	1025	301572
福 建	Fujian	3246	1661	256739
江 西	Jiangxi	3252	689	239449
山 东	Shandong	5961	1528	766923
河 南	Henan	2596	821	215358
湖 北	Hubei	2448	666	234755
湖 南	Hunan	2054	401	129972
广 东	Guangdong	7968	950	668722
广 西	Guangxi	1212	709	122975
海 南	Hainan	281	55	23122
重 庆	Chongqing	1437	146	80204
四 川	Sichuan	3719	1029	317336
贵 州	Guizhou	894	474	77396
云 南	Yunnan	1817	532	109781
西 藏	Tibet	40	3	653
陕 西	Shaanxi	1275	333	217172
甘 肃	Gansu	746	122	59105
青 海	Qinghai	187	25	14450
宁 夏	Ningxia	371	118	89643
新 疆	Xinjiang	867	441	186923

2-12 各行业工业废水处理情况(2022年)
Treatment of Industrial Waste Water by Sector (2022)

行业	Sector	工业废水治理设施数(套) Number of Industrial Waste Water Treatment Facilities (set)	工业废水治理设施处理能力(万吨/日) Capacity of Industrial Waste Water Treatment Facilities (10 000 tons/day)	工业废水治理设施运行费用(万元) Annual Expenditure of Industrial Waste Water Treatment Facilities (10 000 yuan)
行业总计	**Total**	**72848**	**18379**	**7139186**
农、林、牧、渔专业及辅助性活动	Professional and Support Activities for Agriculture, Forestry, Animal Husbandry and Fishery	162	12	2216
煤炭开采和洗选业	Mining and Washing of Coal	2144	1093	189980
石油和天然气开采业	Extraction of Petroleum and Natural Gas	553	511	179113
黑色金属矿采选业	Mining and Processing of Ferrous Metal Ores	353	489	57646
有色金属矿采选业	Mining and Processing of Non-ferrous Metal Ores	669	582	103725
非金属矿采选业	Mining and Processing of Non-metal Ores	268	113	10549
开采专业及辅助性活动	Professional and Support Activities for Mining	20	11	1394
其他采矿业	Mining of Other Ores	1	0	3
农副食品加工业	Processing of Food from Agricultural Products	8083	633	171264
食品制造业	Manufacture of Foods	3215	346	140367
酒、饮料和精制茶制造业	Manufacture of Liquor, Beverages and Refined Tea	2180	282	106434
烟草制品业	Manufacture of Tobacco	107	12	9311
纺织业	Manufacture of Textile	4393	1097	448686
纺织服装、服饰业	Manufacture of Textile, Wearing Apparel and Accessories	554	71	16146
皮革、毛皮、羽毛及其制品和制鞋业	Manufacture of Leather, Fur, Feather and Related Products and Footware	1065	144	48496
木材加工和木、竹、藤、棕、草制品业	Processing of Timber, Manufacture of Wood, Bamboo, Rattan, Palm and Straw Products	281	10	1958
家具制造业	Manufacture of Furniture	509	3	2048
造纸及纸制品业	Manufacture of Paper and Paper Products	1924	1314	465425
印刷和记录媒介复制业	Printing and Reproduction of Recording Media	563	5	4683
文教、工美、体育和娱乐用品制造业	Manufacture of Articles for Culture, Education, Arts and Crafts, Sport and Entertainment Activities	511	7	4081
石油、煤炭及其他燃料加工业	Processing of Petroleum, Coal and Other Fuels	911	511	772759

2-12 续表 continued

行　业	Sector	工业废水治理设施数(套) Number of Industrial Waste Water Treatment Facilities (set)	工业废水治理设施处理能力(万吨/日) Capacity of Industrial Waste Water Treatment Facilities (10 000 tons/day)	工业废水治理设施运行费用(万元) Annual Expenditure of Industrial Waste Water Treatment Facilities (10 000 yuan)
化学原料和化学制品制造业	Manufacture of Raw Chemical Materials and Chemical Products	8077	1145	1342534
医药制造业	Manufacture of Medicines	4006	230	351654
化学纤维制造业	Manufacture of Chemical Fibers	533	219	99360
橡胶和塑料制品业	Manufacture of Rubber and Plastics Products	1281	49	24599
非金属矿物制品业	Manufacture of Non-metallic Mineral Products	2676	416	57528
黑色金属冶炼和压延加工业	Smelting and Pressing of Ferrous Metals	1918	5626	883426
有色金属冶炼和压延加工业	Smelting and Pressing of Non-ferrous Metals	1921	194	220883
金属制品业	Manufacture of Metal Products	7560	303	253316
通用设备制造业	Manufacture of General Purpose Machinery	1761	28	19712
专用设备制造业	Manufacture of Special Purpose Machinery	1020	21	13578
汽车制造业	Manufacture of Automobiles	2822	102	78827
铁路、船舶、航空航天和其他运输设备制造业	Manufacture of Railway, Ship, Aerospace and Other Transport Equipments	827	26	14325
电气机械和器材制造业	Manufacture of Electrical Machinery and Apparatus	1505	113	90689
计算机、通信和其他电子设备制造业	Manufacture of Computers, Communication and Other Electronic Equipment	3990	640	598131
仪器仪表制造业	Manufacture of Measuring Instruments and Machinery	153	3	934
其他制造业	Other Manufacture	350	9	6195
废弃资源综合利用业	Utilization of Waste Resources	679	32	21820
金属制品、机械和设备修理业	Repair Service of Metal Products, Machinery and Equipment	278	6	6764
电力、热力生产和供应业	Production and Supply of Electric Power and Heat Power	2638	1511	229768
燃气生产和供应业	Production and Supply of Gas	31	6	9265
水的生产和供应业	Production and Supply of Water	356	452	79596

2-13 主要城市废水排放情况(2022年)
Discharge of Waste Water in Major Cities (2022)

城 市	City	工业化学需氧量排放量(吨) Industrial COD Discharged (ton)	工业氨氮排放量(吨) Industrial Ammonia Nitrogen Discharged (ton)	生活化学需氧量排放量(吨) Domestic COD Discharged (ton)	生活氨氮排放量(吨) Domestic Ammonia Nitrogen Discharged (ton)
北 京	Beijing	1335	23	31711	1828
天 津	Tianjin	2301	51	26405	877
石家庄	Shijiazhuang	2448	63	29382	853
太 原	Taiyuan	371	8	11270	267
呼和浩特	Hohhot	573	18	8481	2585
沈 阳	Shenyang	1215	37	21616	581
长 春	Changchun	580	11	47432	824
哈尔滨	Harbin	476	15	36831	808
上 海	Shanghai	7941	199	61117	2188
南 京	Nanjing	2291	55	17481	677
杭 州	Hangzhou	4011	57	46499	3134
合 肥	Hefei	1324	24	21119	617
福 州	Fuzhou	1192	24	44900	1369
南 昌	Nanchang	2359	82	17277	1157
济 南	Jinan	1384	45	37778	2289
郑 州	Zhengzhou	763	14	38940	1505
武 汉	Wuhan	2887	147	111384	9551
长 沙	Changsha	2367	114	28033	1778
广 州	Guangzhou	2326	54	41791	2376
南 宁	Nanning	2125	45	42729	3131
海 口	Haikou	122	7	15722	657
重 庆	Chongqing	7751	288	120996	13621
成 都	Chengdu	1873	47	177537	21232
贵 阳	Guiyang	675	120	14030	683
昆 明	Kunming	1098	68	20138	737
拉 萨	Lhasa	18	1	7400	756
西 安	Xi'an	1207	46	39169	4796
兰 州	Lanzhou	717	21	7747	240
西 宁	Xining	259	20	30584	1654
银 川	Yinchuan	1069	20	7055	274
乌鲁木齐	Urumqi	455	28	9526	5071

三、海洋环境

Marine Environment

3-1 全国海洋环境情况(2001-2022年)
Marine Environment (2001-2022)

年 份 Year	管辖海域未达到第一类海水水质标准的海域面积(平方公里) Sea Area with Water Quality Not Reaching Standard of Grade I(sq.km)				
	合 计 Total	二类水质 海域面积 Sea Area with Water Quality at Grade II	三类水质 海域面积 Sea Area with Water Quality at Grade III	四类水质 海域面积 Sea Area with Water Quality at Grade IV	劣四类水质 海域面积 Sea Area with Water Quality Worse than Grade IV
2001	173390	99440	25710	15650	32590
2002	174390	111020	19870	17780	25720
2003	142080	80480	22010	14910	24680
2004	169000	65630	40500	30810	32060
2005	139280	57800	34060	18150	29270
2006	148970	51020	52140	17440	28370
2007	145280	51290	47510	16760	29720
2008	137000	65480	28840	17420	25260
2009	146980	70920	25500	20840	29720
2010	177720	70430	36190	23070	48030
2011	144290	47840	34310	18340	43800
2012	169520	46910	30030	24700	67880
2013	143620	47160	36490	15630	44340
2014	148710	43280	42740	21550	41140
2015	154610	54120	36900	23570	40020
2016	135520	49310	31020	17770	37420
2017	130330	49830	28540	18240	33720
2018	109790	38070	22320	16130	33270
2019	89670	34330	18440	8560	28340
2020	94930	30730	20650	13480	30070
2021	70000	30540	10960	7150	21350
2022	76840	34390	11030	6540	24880

3-1 续表 continued

年 份 Year	主要海洋产业增加值 (亿元) Added Value of Major Marine Industries (100 million yuan)	海洋原油产量 (万吨) Output of Offshore Crude Oil (10 000 tons)	海洋天然气产量 (万立方米) Output of Offshore Natural Gas (10 000 cu.m)
2001	3857	2143	457212
2002	4697	2406	464689
2003	4754	2545	436930
2004	5828	2842	613416
2005	7188	3175	626921
2006	8790	3240	748618
2007	10478	3178	823455
2008	12176	3421	857847
2009	12768	3698	859173
2010	16188	4710	1108905
2011	18865	4452	1214519
2012	20830	4445	1228188
2013	22462	4541	1176455
2014	25303	4614	1308899
2015	26839	5416	1472400
2016	28392	5162	1288604
2017	31123	4886	1395462
2018	31229	4807	1538464
2019	33442	4916	1621271
2020	29641	5164	1855665
2021	34050	5164	1855665
2022	38542	5828	2185961

3－2 管辖海域未达到第一类海水水质标准的海域面积(2022年)
Sea Area with Water Quality Not Reaching Standard of Grade I(2022)

单位：平方公里 (sq.km)

海　区	Sea Area	合计 Total	二类水质海域面积 Sea Area with Water Quality at Grade II	三类水质海域面积 Sea Area with Water Quality at Grade III	四类水质海域面积 Sea Area with Water Quality at Grade IV	劣四类水质海域面积 Sea Area with Water Quality Worse than Grade IV
全　国	**National Total**	**76840**	**34390**	**11030**	**6540**	**24880**
渤　海	Bohai Sea	24650	10910	3790	2150	7800
黄　海	Yellow Sea	13710	9850	1650	1000	1210
东　海	East China Sea	28940	11190	4030	2370	11350
南　海	South China Sea	9540	2440	1560	1020	4520

资料来源：生态环境部(下表同)。
Source: Ministry of Ecology and Environment (the same as in the following table).

3－3 海区废弃物倾倒及石油勘探开发污染物排放入海情况(2022年)
Sea Area Waste Dumping and Pollutants from Petroleum Exploration Discharged into the Sea (2022)

单位：万立方米 (10 000 cu.m)

海　区	Sea Area	海洋废弃物 Marine Waste	生产污水 Sewage from Production	钻井泥浆 Drilling Mud	钻屑 Debris from Drilling	机舱污水 Sewage from Engineroom	生活污水 Oily Sewage
全　国	**National Total**	**32366**	**20979**	**14.07**	**12.67**	**0.20**	**122**
渤　海	Bohai Sea	3365	5	4.12	6.29		60
黄　海	Yellow Sea	598					
东　海	East China Sea	14835	208	0.12	0.47		7
南　海	South China Sea	13568	20767	9.83	5.91	0.20	55

3-4 全国主要海洋产业增加值(2022年)
Added Value of Major Marine Industries (2022)

海洋产业	Marine Industry	增加值(亿元) Added Value (100 million yuan)	增加值比上年增长(按可比价计算)(%) Percentage of Added Value of Increase Over Last Year (at comparable price) (%)
海洋产业	**Marine Industry**	**38542**	**-0.5**
海洋渔业	Marine Fishery Industry	4343	3.1
沿海滩涂种植业	Coastal Mudflat Planting	2	1.0
海洋水产品加工业	Marine Aquatic Product Processing Industry	953	0.9
海洋油气业	Offshore Oil and Natural Gas	2724	7.2
海洋矿业	Ocean Mining	212	9.8
海洋盐业	Sea Salt Industry	44	1.4
海洋船舶工业	Marine Shipbuilding Industry	969	9.6
海洋工程装备制造业	Marine Engineering Equipment Manufacturing Industry	773	3.0
海洋化工业	Marine Chemical	4400	-2.8
海洋药物和生物制品业	Marine Pharmaceuticals and Bioproducts Industry	746	7.1
海洋工程建筑业	Marine Engineering Architecture	2015	5.6
海洋电力业	Marine Electric Power Industry	395	20.9
海水淡化与综合利用业	Seawater Desalination and Comprehensive Utilization Industry	329	3.6
海洋交通运输业	Maritime Transportation	7528	6.0
海洋旅游业	Coastal Tourism	13109	-10.3

资料来源：自然资源部(下表同)。
注：本表为初步核算数。
Source: Ministry of Natural Resources (the same as in the following table).
Note: The data above are preliminary accounting figures.

3-5 海洋资源利用情况(2022年)
Utilization of Marine Resources (2022)

地区	Region	海洋原油(万吨) Marine Oil (10 000 tons)	海洋天然气(万立方米) Marine NaturalGas (10 000 cu m)	远洋渔业(万吨) Pelagic Fishery (10 000 tons)	海水直接利用量(亿吨) Seawater Direct Utilization (100 million tons)	海水淡化工程规模(万吨/日) Seawater Desalination Project Scale (10 000 tons/day)
全国	**National Total**	**5828**	**2185961**	**233.0**	**1770.5**	**235.7**
天津	Tianjin	3237	374083	0.8	4.6	30.6
河北	Hebei	147	40235	4.3	55.6	39.1
辽宁	Liaoning	57	2242	17.3	145.7	16.2
上海	Shanghai	56	196346	12.8	15.5	
江苏	Jiangsu			1.6	124.1	0.5
浙江	Zhejiang			68.6	320.9	76.2
福建	Fujian			61.5	281.2	3.0
山东	Shandong	358	15828	37.4	137.6	60.3
广东	Guangdong	1949	1251886	6.2	567.4	8.9
广西	Guangxi			1.9	67.5	0.1
海南	Hainan	24	305341		50.5	0.9
其他	Others			20.7		

主要海洋产业增加值（2022年）
Added Value of Major Marine Industries (2022)

海洋产业	Marine Industries	增加值（亿元） Added Value (100 million yuan)	比上年增长 Growth over Last Year (%)
海洋产业	Marine Industry	[illegible]	[illegible]
海洋渔业	Marine Fishery	[illegible]	[illegible]
沿海滩涂种植业	Coastal Tideland Planting	[illegible]	[illegible]
海洋水产品加工业	Marine Aquatic Product Processing Industry	[illegible]	[illegible]
海洋油气业	Offshore Oil and Natural Gas	[illegible]	[illegible]
海洋矿业	Ocean Mining	[illegible]	[illegible]
海洋盐业	Sea Salt Industry	[illegible]	[illegible]
海洋船舶工业	Marine Shipbuilding Industry	[illegible]	[illegible]
海洋工程装备制造业	Marine Engineering Equipment Manufacturing Industry	[illegible]	[illegible]
海洋化工业	Marine Chemical	[illegible]	[illegible]
海洋药物和生物制品业	Marine Pharmaceutical and Biomedical	[illegible]	[illegible]
海洋工程建筑业	Marine Engineering Architecture	[illegible]	[illegible]
海洋电力业	Marine Electric Power Industry	[illegible]	[illegible]
海水淡化与综合利用业	Seawater Desalination and Comprehensive Utilization Industry	[illegible]	[illegible]
海洋交通运输业	Maritime Transportation	[illegible]	[illegible]
海洋旅游业	Coastal Tourism	[illegible]	[illegible]

[illegible]

海洋资源利用情况（2022年）
Utilization of Marine Resources (2022)

地区 Region	海洋捕捞 Marine Fishing	海水养殖 Mariculture	海洋原油 Marine Crude Oil	海洋天然气 Marine Natural Gas	海盐 Sea Salt	海水淡化 Seawater Desalination	海洋货物吞吐量 Port Cargo
全国 National Total	[illegible]	[illegible]	[illegible]	[illegible]	[illegible]	[illegible]	[illegible]
天津 Tianjin	[illegible]	[illegible]	[illegible]	[illegible]	[illegible]	[illegible]	[illegible]
河北 Hebei	[illegible]	[illegible]	[illegible]	[illegible]	[illegible]	[illegible]	[illegible]
辽宁 Liaoning	[illegible]	[illegible]	[illegible]	[illegible]	[illegible]	[illegible]	[illegible]
上海 Shanghai	[illegible]	[illegible]	[illegible]	[illegible]	[illegible]	[illegible]	[illegible]
江苏 Jiangsu	[illegible]	[illegible]	[illegible]	[illegible]	[illegible]	[illegible]	[illegible]
浙江 Zhejiang	[illegible]	[illegible]	[illegible]	[illegible]	[illegible]	[illegible]	[illegible]
福建 Fujian	[illegible]	[illegible]	[illegible]	[illegible]	[illegible]	[illegible]	[illegible]
山东 Shandong	[illegible]	[illegible]	[illegible]	[illegible]	[illegible]	[illegible]	[illegible]
广东 Guangdong	[illegible]	[illegible]	[illegible]	[illegible]	[illegible]	[illegible]	[illegible]
广西 Guangxi	[illegible]	[illegible]	[illegible]	[illegible]	[illegible]	[illegible]	[illegible]
海南 Hainan	[illegible]	[illegible]	[illegible]	[illegible]	[illegible]	[illegible]	[illegible]
其他 Others	[illegible]	[illegible]	[illegible]	[illegible]	[illegible]	[illegible]	[illegible]

四、大气环境

Atmospheric Environment

4-1 全国废气排放及处理情况(2000-2022年)
Emission and Treatment of Waste Gas (2000-2022)

年 份 Year	工业废气排放总量(亿立方米) Total Volume of Industrial Waste Gas Emission (100 million cu.m)	二氧化硫排放总量(万吨) Sulphur Dioxide Emission (10 000 tons)	#工业 Industry	#生活 Domestic	氮氧化物排放总量(万吨) Nitrogen Oxides Emission (10 000 tons)	#工业 Industry	#生活 Domestic
2000	138145	1995.1	1612.5				
2001	160863	1947.2	1566.0				
2002	175257	1926.6	1562.0				
2003	198906	2158.5	1791.6				
2004	237696	2254.9	1891.4				
2005	268988	2549.4	2168.4				
2006	330990	2588.8	2234.8				
2007	388169	2468.1	2140.0				
2008	403866	2321.2	1991.4				
2009	436064	2214.4	1865.9				
2010	519168	2185.1	1864.4				
2011	674509	2217.9	2017.2	200.4	2404.3	1729.7	36.6
2012	635519	2117.6	1911.7	205.7	2337.8	1658.1	39.3
2013	669361	2043.9	1835.2	208.5	2227.4	1545.6	40.7
2014	694190	1974.4	1740.4	233.9	2078.0	1404.8	45.1
2015	685190	1859.1	1556.7	296.9	1851.0	1180.9	65.1
2016		854.9	770.5	84.0	1503.3	809.1	61.6
2017		610.8	529.9	80.5	1348.4	646.5	59.2
2018		516.1	446.7	68.7	1288.4	588.7	53.1
2019		457.3	395.4	61.3	1233.9	548.1	49.7
2020		318.2	253.2	64.8	1019.7	417.5	33.4
2021		274.8	209.7	64.9	988.4	368.9	35.9
2022		243.5	183.5	59.7	895.7	333.3	33.9

注：1.2011年原环境保护部对统计制度中的指标体系、调查方法及相关技术规定等进行了修订，统计范围扩展为工业源、农业源、城镇生活源、机动车、集中式污染治理设施5个部分。

2.以第二次全国污染源普查成果为基准，生态环境部依法组织对2016—2019年污染源统计初步数据进行了更新，2016年之后数据与以前年份不可比。统计调查对象为全国排放污染物的工业源、农业源、生活源、集中式污染治理设施、机动车。其中，生活源包括第三产业以及城镇居民生活源；生活源废气污染物排放还包括农村生活源；烟(粉)尘指标改为颗粒物。

3.2020年生态环境部对排放源统计调查的部分调查范围、指标及方式方法进行了修订。工业源大气污染物非重点调查单位排放量统计调整至生活及其他大气污染物排放量统计中，大气污染生活源相应改为生活及其他。

Note: a)In 2011, indicators of statistical system, method of survey, and related technologies were revised by the former Ministry of Environmental Protection, statistical scope expands to 5 parts: industry source, agriculture source, urban domestic source, vehicle and centralized pollution control facilities.

b)Reference to the benchmarks of the Second National Pollution Sources Census, the Ministry of Ecology and Environment has adjusted and updated relevant data of pollution sources in 2016-2019, which are not comparable to the data of previous years. The statistical scope inclues industry source, agriculture source, domestic source, vehicle and centralized pollution control facilities. The domestic source includes tertiary industry and urban domestic source. In addition, the domestic source of waste gas also includes rural domestic source. Soot(Dust) Emission is renamed as Particulate Matter Emission.

c)In 2020, the scope, indicators and method of the survey of emission sources were revised by the Ministry of Ecology and Environment. The industrial waste gas emission of non-key survey unit was included in the domestic and other emission, which is used to be called domestic emission.

4-1 续表 continued

年 份 Year	颗粒物排放总量(万吨) Particulate Matter Emission (10 000 tons)	#工业 Industry	#生活 Domestic	工业废气治理设施(套) Industrial Watste Gas Treatment Facilities (set)	本年运行费用(亿元) Annual Expenditure for Operation (100 million yuan)
2000				145534	93.7
2001				134025	111.1
2002				137668	147.1
2003				137204	150.6
2004				144973	213.8
2005				145043	267.1
2006				154557	464.4
2007				162325	555.0
2008				174164	773.4
2009				176489	873.7
2010				187401	1054.5
2011	1278.8	1100.9	114.8	216457	1579.5
2012	1235.8	1029.3	142.7	225913	1452.3
2013	1278.1	1094.6	123.9	234316	1497.8
2014	1740.8	1456.1	227.1	261367	1731.0
2015	1538.0	1232.6	249.7	290886	1866.0
2016	1608.0	1376.2	219.2	158682	2388.7
2017	1284.9	1067.0	206.1	229618	1967.9
2018	1132.3	948.9	173.1	246558	2172.8
2019	1088.5	925.9	154.9	315586	2339.7
2020	611.4	400.9	201.6	372962	2560.4
2021	537.4	325.3	205.2	369326	2222.0
2022	493.4	305.7	182.3	394538	2234.3

4-2 各地区废气排放情况(2022年)
Emission of Waste Gas by Region (2022)

单位：吨 (ton)

地 区	Region	二氧化硫排放总量 Total Volume of Sulphur Dioxide Emission	工业 Industry	生活及其他 Domestic and Others	集中式污染治理设施 Centralized Pollution Control Facilities
全 国	**National Total**	**2435242**	**1834938**	**597065**	**3239**
北 京	Beijing	1078	799	278	1
天 津	Tianjin	6455	6227	209	19
河 北	Hebei	146246	124402	21713	132
山 西	Shanxi	128523	90866	37625	32
内蒙古	Inner Mongolia	202704	147641	55022	41
辽 宁	Liaoning	130542	82831	47357	354
吉 林	Jilin	55121	35552	19490	79
黑龙江	Heilongjiang	102592	46245	56316	30
上 海	Shanghai	6708	6530	163	15
江 苏	Jiangsu	74834	71112	3304	418
浙 江	Zhejiang	40572	39605	795	172
安 徽	Anhui	71108	68570	2432	106
福 建	Fujian	60020	52159	7812	49
江 西	Jiangxi	76023	59634	16289	100
山 东	Shandong	145926	108334	37498	94
河 南	Henan	58925	53005	5905	14
湖 北	Hubei	85044	46243	38770	31
湖 南	Hunan	69592	38076	31047	469
广 东	Guangdong	88217	72418	15512	287
广 西	Guangxi	61635	57136	4438	61
海 南	Hainan	3567	3566	0	1
重 庆	Chongqing	45947	36837	9077	33
四 川	Sichuan	122221	91560	30616	45
贵 州	Guizhou	122506	90098	32252	156
云 南	Yunnan	184629	116326	68199	103
西 藏	Tibet	2684	981	1703	0
陕 西	Shaanxi	67222	46177	20730	315
甘 肃	Gansu	76675	60367	16288	19
青 海	Qinghai	41039	39748	1288	3
宁 夏	Ningxia	54846	53188	1657	1
新 疆	Xinjiang	102044	88706	13278	60

资料来源：生态环境部(以下各表同)。
Source:Ministry of Ecology and Environment (the same as in the following tables).

4-2 续表 1 continued 1

单位：吨 (ton)

地 区	Region	氮氧化物排放总量 Nitrogen Oxides Emission	工业 Industry	生活及其他 Domestic and Others	机动车 Motor Vehicle	集中式污染治理设施 Centralized Pollution Control Facilities
全 国	**National Total**	**8957397**	**3332578**	**338840**	**5266782**	**19198**
北 京	Beijing	74180	9765	8600	55803	12
天 津	Tianjin	88416	21223	3026	64040	126
河 北	Hebei	754485	242541	25193	486153	598
山 西	Shanxi	387238	153194	15493	218481	69
内蒙古	Inner Mongolia	395264	232220	33166	129553	325
辽 宁	Liaoning	523852	184480	17256	319899	2217
吉 林	Jilin	200658	78527	10475	111283	373
黑龙江	Heilongjiang	266397	89876	32433	143965	122
上 海	Shanghai	125531	21535	4585	98988	424
江 苏	Jiangsu	449976	148895	7801	290536	2745
浙 江	Zhejiang	357072	110248	2665	243071	1087
安 徽	Anhui	359448	126356	9442	223160	490
福 建	Fujian	221215	125055	3300	92569	291
江 西	Jiangxi	276520	123106	5489	147673	252
山 东	Shandong	769622	223622	19880	525696	424
河 南	Henan	443282	94924	7063	341169	126
湖 北	Hubei	304315	98467	12798	192677	373
湖 南	Hunan	228188	79098	11385	135484	2221
广 东	Guangdong	607732	200374	11548	393692	2119
广 西	Guangxi	240711	125466	1808	112387	1050
海 南	Hainan	34932	13950	822	20157	3
重 庆	Chongqing	152997	60859	7226	84722	191
四 川	Sichuan	310677	133841	20978	155670	188
贵 州	Guizhou	206949	97781	5145	102818	1205
云 南	Yunnan	275789	123138	13954	138312	385
西 藏	Tibet	45231	3838	353	41040	1
陕 西	Shaanxi	227762	92738	14718	119018	1288
甘 肃	Gansu	179379	79559	9713	90016	91
青 海	Qinghai	61920	24090	5112	32700	17
宁 夏	Ningxia	135255	76601	2459	56184	12
新 疆	Xinjiang	252403	137212	14953	99867	371

4-2 续表 2 continued 2

单位：吨 (ton)

地 区	Region	颗粒物排放总量 Particulate Matter Emission	工业 Industry	生活及其他 Domestic and Others	机动车 Motor Vehicle	集中式污染治理设施 Centralized Pollution Control Facilities
全 国	**National Total**	**4933809**	**3056954**	**1823435**	**52561**	**858**
北 京	Beijing	4124	1622	2146	355	1
天 津	Tianjin	9032	6070	2338	618	6
河 北	Hebei	236524	123246	109749	3499	30
山 西	Shanxi	266318	169855	94529	1928	6
内蒙古	Inner Mongolia	993007	716102	275370	1526	10
辽 宁	Liaoning	217709	94000	118776	4864	70
吉 林	Jilin	166050	86536	78131	1368	15
黑龙江	Heilongjiang	347585	63019	281711	2849	6
上 海	Shanghai	8295	6521	1057	710	7
江 苏	Jiangsu	90945	74530	13787	2497	131
浙 江	Zhejiang	66079	61288	2490	2217	84
安 徽	Anhui	97320	70534	24909	1847	30
福 建	Fujian	79780	63064	15768	927	22
江 西	Jiangxi	106840	72564	32751	1495	30
山 东	Shandong	191116	85391	100799	4895	31
河 南	Henan	69346	54457	11271	3611	6
湖 北	Hubei	127030	47210	77927	1855	38
湖 南	Hunan	128940	49495	77875	1544	26
广 东	Guangdong	134007	85063	44922	3936	86
广 西	Guangxi	71119	60825	8951	1302	41
海 南	Hainan	7486	7051	75	359	1
重 庆	Chongqing	49564	37556	11231	753	25
四 川	Sichuan	151907	101971	48538	1384	14
贵 州	Guizhou	92644	55501	35945	1165	33
云 南	Yunnan	244311	129183	113797	1306	25
西 藏	Tibet	7337	4135	2626	576	1
陕 西	Shaanxi	210823	150124	59969	691	38
甘 肃	Gansu	121391	54917	65382	1087	6
青 海	Qinghai	49877	36480	13204	190	2
宁 夏	Ningxia	58264	49515	8426	320	2
新 疆	Xinjiang	529040	439130	88985	887	38

4-3 各行业工业废气排放情况(2022年)
Emission of Industrial Waste Gas by Sector (2022)

单位：吨 (ton)

行业	Sector	工业二氧化硫排放量 Industrial Sulphur Dioxide Emission	工业氮氧化物排放量 Industrial Nitrogen Oxides Emission	工业颗粒物排放量 Industrial Particulate Matter Emission
行业总计	**Total**	**1834938**	**3332578**	**3056954**
农、林、牧、渔专业及辅助性活动	Professional and Support Activities for Agriculture, Forestry, Animal Husbandry and Fishery	1002	617	422
煤炭开采和洗选业	Mining and Washing of Coal	3698	5824	1032518
石油和天然气开采业	Extraction of Petroleum and Natural Gas	5468	13579	645
黑色金属矿采选业	Mining and Processing of Ferrous Metal Ores	676	953	50458
有色金属矿采选业	Mining and Processing of Non-ferrous Metal Ores	785	782	286251
非金属矿采选业	Mining and Processing of Non-metal Ores	1785	2246	25914
开采专业及辅助性活动	Professional and Support Activities for Mining	76	148	301
其他采矿业	Mining of Other Ores	32	41	437
农副食品加工业	Processing of Food from Agricultural Products	8923	21500	9410
食品制造业	Manufacture of Foods	8729	14320	3381
酒、饮料和精制茶制造业	Manufacture of Liquor, Beverages and Refined Tea	4046	6996	1780
烟草制品业	Manufacture of Tobacco	265	437	1488
纺织业	Manufacture of Textile	5880	9911	3830
纺织服装、服饰业	Manufacture of Textile, Wearing Apparel and Accessories	4101	547	139
皮革、毛皮、羽毛及其制品和制鞋业	Manufacture of Leather, Fur, Feather and Related Products and Footware	189	411	1913
木材加工和木、竹、藤、棕、草制品业	Processing of Timber, Manufacture of Wood, Bamboo, Rattan, Palm and Straw Products	4659	6004	13814
家具制造业	Manufacture of Furniture	110	191	3065
造纸及纸制品业	Manufacture of Paper and Paper Products	14635	36213	6155
印刷和记录媒介复制业	Printing and Reproduction of Recording Media	125	428	31
文教、工美、体育和娱乐用品制造业	Manufacture of Articles for Culture, Education, Arts and Crafts, Sport and Entertainment Activities	59	112	209
石油、煤炭及其他燃料加工业	Processing of Petroleum, Coal and Other Fuels	59123	163338	112445

4-3 续表 continued

单位：吨 (ton)

行业	Sector	工业二氧化硫排放量 Industrial Sulphur Dioxide Emission	工业氮氧化物排放量 Industrial Nitrogen Oxides Emission	工业颗粒物排放量 Industrial Particulate Matter Emission
化学原料和化学制品制造业	Manufacture of Raw Chemical Materials and Chemical Products	111724	151449	106776
医药制造业	Manufacture of Medicines	2688	6540	1534
化学纤维制造业	Manufacture of Chemical Fibers	4225	6595	2792
橡胶和塑料制品业	Manufacture of Rubber and Plastics Products	3217	5644	5140
非金属矿物制品业	Manufacture of Non-metallic Mineral Products	315759	830447	593742
黑色金属冶炼和压延加工业	Smelting and Pressing of Ferrous Metals	412606	751988	397650
有色金属冶炼和压延加工业	Smelting and Pressing of Non-ferrous Metals	263976	98073	63541
金属制品业	Manufacture of Metal Products	2095	8789	21279
通用设备制造业	Manufacture of General Purpose Machinery	137	3138	4420
专用设备制造业	Manufacture of Special Purpose Machinery	143	1455	4295
汽车制造业	Manufacture of Automobiles	336	3686	5776
铁路、船舶、航空航天和其他运输设备制造业	Manufacture of Railway, Ship, Aerospace and Other Transport Equipments	219	1220	4541
电气机械和器材制造业	Manufacture of Electrical Machinery and Apparatus	268	3406	1078
计算机、通信和其他电子设备制造业	Manufacture of Computers, Communication and Other Electronic Equipment	451	2899	1651
仪器仪表制造业	Manufacture of Measuring Instruments and Machinery	4	13	13
其他制造业	Other Manufacture	146	298	10856
废弃资源综合利用业	Utilization of Waste Resources	3658	3304	6312
金属制品、机械和设备修理业	Repair Service of Metal Products, Machinery and Equipment	42	66	328
电力、热力生产和供应业	Production and Supply of Electric Power and Heat Power	588120	1166868	266855
燃气生产和供应业	Production and Supply of Gas	756	2093	3765
水的生产和供应业	Production and Supply of Water	2	9	4

4-4 各地区工业废气处理情况(2022年)
Treatment of Industrial Waste Gas by Region (2022)

地　区	Region	工业废气治理设施数(套) Number of Industrial Waste Gas Treatment Facilities (set)	工业废气治理设施处理能力(万立方米/时) Capacity of Industrial Waste Gas Treatment Facilities (10 000 cu.m/hour)	工业废气治理设施运行费用(万元) Annual Expenditure of Industrial Waste Gas Treatment Facilities (10 000 yuan)
全　国	**National Total**	**394538**	**3648900**	**22343441**
北　京	Beijing	3262	13749	78172
天　津	Tianjin	7864	51319	391443
河　北	Hebei	34552	312354	2173294
山　西	Shanxi	14006	178156	1082866
内蒙古	Inner Mongolia	9417	240608	1030998
辽　宁	Liaoning	12670	155039	900630
吉　林	Jilin	3322	45959	175750
黑龙江	Heilongjiang	4587	77031	217498
上　海	Shanghai	11866	51347	548176
江　苏	Jiangsu	35087	252983	2146146
浙　江	Zhejiang	34763	186157	1372196
安　徽	Anhui	18988	146701	1109424
福　建	Fujian	12195	108814	534155
江　西	Jiangxi	13030	86846	601974
山　东	Shandong	44816	440405	2694512
河　南	Henan	16341	159745	974264
湖　北	Hubei	10852	97741	704594
湖　南	Hunan	7781	59795	410020
广　东	Guangdong	43671	252277	1434111
广　西	Guangxi	5028	79747	333930
海　南	Hainan	764	10727	99051
重　庆	Chongqing	5217	42137	284880
四　川	Sichuan	16260	103410	627592
贵　州	Guizhou	2177	60872	353457
云　南	Yunnan	6818	80281	390903
西　藏	Tibet	112	2137	8907
陕　西	Shaanxi	6014	81703	466521
甘　肃	Gansu	4292	54089	338506
青　海	Qinghai	1310	21752	83713
宁　夏	Ningxia	2741	53447	356658
新　疆	Xinjiang	4735	141569	419098

4-5 各行业工业废气处理情况(2022年)
Treatment of Industrial Waste Gas by Sector (2022)

行　业	Sector	工业废气治理设施数(套) Number of Industrial Waste Gas Treatment Facilities (set)	工业废气治理设施处理能力(万立方米/时) Capacity of Industrial Waste Gas Treatment Facilities (10 000 cu.m/hour)	工业废气治理设施本年运行费用(万元) Annual Expenditure of Industrial Waste Gas Treatment Facilities (10 000 yuan)
行业总计	**Total**	**394538**	**3648900**	**22343441**
农、林、牧、渔专业及辅助性活动	Professional and Support Activities for Agriculture, Forestry, Animal Husbandry and Fishery	489	1028	2521
煤炭开采和洗选业	Mining and Washing of Coal	2781	7148	51827
石油和天然气开采业	Extraction of Petroleum and Natural Gas	181	915	20517
黑色金属矿采选业	Mining and Processing of Ferrous Metal Ores	1128	6096	22958
有色金属矿采选业	Mining and Processing of Non-ferrous Metal Ores	1253	3520	23635
非金属矿采选业	Mining and Processing of Non-metal Ores	1531	5344	26088
开采专业及辅助性活动	Professional and Support Activities for Mining	30	36	657
其他采矿业	Mining of Other Ores	19	35	208
农副食品加工业	Processing of Food from Agricultural Products	8749	25479	109285
食品制造业	Manufacture of Foods	3757	13173	87189
酒、饮料和精制茶制造业	Manufacture of Liquor, Beverages and Refined Tea	2280	6627	29150
烟草制品业	Manufacture of Tobacco	557	5669	8630
纺织业	Manufacture of Textile	10014	33163	195696
纺织服装、服饰业	Manufacture of Textile, Wearing Apparel and Accessories	529	794	3993
皮革、毛皮、羽毛及其制品和制鞋业	Manufacture of Leather, Fur, Feather and Related Products and Footware	4622	7815	24694
木材加工和木、竹、藤、棕、草制品业	Processing of Timber, Manufacture of Wood, Bamboo, Rattan, Palm and Straw Products	6601	20395	56391
家具制造业	Manufacture of Furniture	13327	36143	70178
造纸及纸制品业	Manufacture of Paper and Paper Products	4007	29662	226531
印刷和记录媒介复制业	Printing and Reproduction of Recording Media	5281	12487	78775
文教、工美、体育和娱乐用品制造业	Manufacture of Articles for Culture, Education, Arts and Crafts, Sport and Entertainment Activities	3268	7282	22001
石油、煤炭及其他燃料加工业	Processing of Petroleum, Coal and Other Fuels	5448	97977	1474716

4-5 续表 continued

行 业	Sector	工业废气治理设施数（套） Number of Industrial Waste Gas Treatment Facilities (set)	工业废气治理设施处理能力（万立方米/时） Capacity of Industrial Waste Gas Treatment Facilities (10 000 cu.m/hour)	工业废气治理设施本年运行费用（万元） Annual Expenditure of Industrial Waste Gas Treatment Facilities (10 000 yuan)
化学原料和化学制品制造业	Manufacture of Raw Chemical Materials and Chemical Products	37991	162334	1519692
医药制造业	Manufacture of Medicines	10087	21871	218928
化学纤维制造业	Manufacture of Chemical Fibers	2321	11914	99809
橡胶和塑料制品业	Manufacture of Rubber and Plastics Products	22575	64641	290300
非金属矿物制品业	Manufacture of Non-metallic Mineral Products	76491	582268	1813048
黑色金属冶炼和压延加工业	Smelting and Pressing of Ferrous Metals	15503	613140	5730354
有色金属冶炼和压延加工业	Smelting and Pressing of Non-ferrous Metals	10246	165823	918249
金属制品业	Manufacture of Metal Products	42860	111304	338014
通用设备制造业	Manufacture of General Purpose Machinery	11046	27093	88967
专用设备制造业	Manufacture of Special Purpose Machinery	6857	24532	64854
汽车制造业	Manufacture of Automobiles	16885	66239	290585
铁路、船舶、航空航天和其他运输设备制造业	Manufacture of Railway, Ship, Aerospace and Other Transport Equipments	5215	30071	81422
电气机械和器材制造业	Manufacture of Electrical Machinery and Apparatus	11551	29985	150628
计算机、通信和其他电子设备制造业	Manufacture of Computers, Communication and Other Electronic Equipment	17927	72621	394585
仪器仪表制造业	Manufacture of Measuring Instruments and Machinery	631	961	4243
其他制造业	Other Manufactures	1370	28157	11890
废弃资源综合利用业	Utilization of Waste Resources	4310	12187	64997
金属制品、机械和设备修理业	Repair Service of Metal Products, Machinery and Equipment	767	2749	7576
电力、热力生产和供应业	Production and Supply of Electric Power and Heat Power	23935	1298697	7707252
燃气生产和供应业	Production and Supply of Gas	100	1509	11209
水的生产和供应业	Production and Supply of Water	18	16	1197

4-6 主要城市废气排放情况(2022年)
Emission of Waste Gas in Major Cities (2022)

单位：吨 (ton)

城市	City	工业二氧化硫排放量 Industrial Sulphur Dioxide Emission	工业氮氧化物排放量 Industrial Nitrogen Oxides Emission	工业颗粒物排放量 Industrial Particulate Matter Emission	生活及其他二氧化硫排放量 Domestic and Other Sulphur Dioxide Emission	生活及其他氮氧化物排放量 Domestic and Other Nitrogen Oxides Emission	生活及其他颗粒物排放量 Domestic and Other Particulate Matter Emission
北京	Beijing	799	9765	1622	278	8600	2146
天津	Tianjin	6227	21223	6070	209	3026	2338
石家庄	Shijiazhuang	6849	17162	9291	2284	3507	11619
太原	Taiyuan	8734	20311	16981	151	1695	526
呼和浩特	Hohhot	10293	15623	6267	962	883	4842
沈阳	Shenyang	6522	14770	2744	2680	1631	6782
长春	Changchun	9199	20637	8070	10402	5699	41709
哈尔滨	Harbin	6453	15746	5820	30110	17080	150599
上海	Shanghai	6530	21535	6521	163	4585	1057
南京	Nanjing	6429	15835	11569	1	1337	123
杭州	Hangzhou	3223	12339	11529	80	387	262
合肥	Hefei	3665	8169	3749	1104	2937	11187
福州	Fuzhou	11231	26378	13489	718	495	1467
南昌	Nanchang	3018	6579	2740	6735	2031	13519
济南	Jinan	8838	20539	9426	3807	2473	10274
郑州	Zhengzhou	5032	11062	6356	72	1878	301
武汉	Wuhan	6576	17773	5817	9555	4240	19305
长沙	Changsha	825	2338	1849	1397	989	3548
广州	Guangzhou	1906	10900	4255	501	1507	1555
南宁	Nanning	2308	11897	4757	1107	611	2247
海口	Haikou	22	212	32	0	357	33
重庆	Chongqing	36837	60859	37556	9077	7226	11231
成都	Chengdu	2852	10430	4412	1437	7056	2831
贵阳	Guiyang	13065	8299	5564	2178	645	2455
昆明	Kunming	19247	21988	18781	7404	2165	12414
拉萨	Lhasa	334	1266	1297	124	84	196
西安	Xi'an	1781	4155	787	3272	5879	9787
兰州	Lanzhou	12381	15152	5632	816	1380	3355
西宁	Xining	27647	11231	7663	231	1164	2386
银川	Yinchuan	7460	13274	3442	232	1145	1253
乌鲁木齐	Urumqi	4875	12224	6235	308	1939	2202

4-6 主要城市废气排放情况(2022年)

Emission of Waste Gas in Major Cities (2022)

五、固体废物

Solid Wastes

5-1 全国工业固体废物产生、排放和综合利用情况(2000-2022年)
Generation, Discharge and Utilization of Industrial Solid Wastes(2000-2022)

年 份 Year	工业固体废物产生量(万吨) Industrial Solid Wastes Generated (10 000 tons)	工业固体废物倾倒丢弃量(万吨) Industrial Solid Wastes Discharged (10 000 tons)	工业固体废物综合利用量(万吨) Industrial Solid Wastes Utilized (10 000 tons)	工业固体废物贮存量(万吨) Stock of Industrial Solid Wastes (10 000 tons)	工业固体废物处置量(万吨) Industrial Solid Wastes Disposed (10 000 tons)	工业固体废物综合利用率(%) Ratio of Industrial Solid Wastes Utilized (%)
2000	81608	3186.2	37451	28921	9152	45.9
2001	88840	2893.8	47290	30183	14491	52.1
2002	94509	2635.2	50061	30040	16618	51.9
2003	100428	1940.9	56040	27667	17751	54.8
2004	120030	1762.0	67796	26012	26635	55.7
2005	134449	1654.7	76993	27876	31259	56.1
2006	151541	1302.1	92601	22399	42883	60.2
2007	175632	1196.7	110311	24119	41350	62.1
2008	190127	781.8	123482	21883	48291	64.3
2009	203943	710.5	138186	20929	47488	67.0
2010	240944	498.2	161772	23918	57264	66.7
2011	326204	433.3	196988	61248	71382	59.8
2012	332509	144.2	204467	60633	71443	60.9
2013	330859	129.3	207616	43445	83671	62.2
2014	329254	59.4	206392	45724	81317	62.1
2015	331055	55.8	200857	59175	74208	60.2
2016	371237		210995		85232	
2017	386707		206117		94314	
2018	407799		216860		103283	
2019	440810		232079		110359	
2020	367546		203798		91749	
2021	397006	25.5	226659	89412	88876	56.4
2022	411371	5.4	237025	93953	88761	56.8

注：1.2011年原环境保护部对统计制度中的指标体系、调查方法及相关技术规定等进行了修订，故不能与2010年直接比较。
2.以第二次全国污染源普查成果为基准，生态环境部依法组织对2016—2019年污染源统计初步数据进行了更新，2016年之后数据与以前年份不可比。统计调查对象为全国排放污染物的工业源、农业源、生活源、集中式污染治理设施、机动车。危险废物综合利用量和处置量指标合并为危险废物综合利用处置量。
3.本表各指标2016年及以后数据均为一般工业固体废物相关数据。

Note: a)In 2011, indicators of statistical system, method of survey, and related technologies were revised by the former Ministry of Environmental Protection, so it can not be directly compared with data of 2010.
b)Reference to the benchmarks of the Second National Pollution Sources Census, the Ministry of Ecology and Environment has adjusted and updated relevant data of pollution sources in 2016-2019, which are not comparable to the data of previous years. The statistical scope inclues industry source, agriculture source, domestic source, vehicle and centralized pollution control facilities. Hazardous wastes utilized and hazardous waste disposed was consolidated into Hazardous wastes utilized and disposed.
c)The data in the table refer to the data of common industrial solid wastes since 2016.

5-2 各地区工业固体废物产生和利用情况(2022年)
Generation and Utilization of Industrial Solid Wastes by Region (2022)

单位：万吨 (10 000 tons)

地　区	Region	一般工业固体废物产生量 Common Industrial Solid Wastes Generated	一般工业固体废物综合利用量 Common Industrial Solid Wastes Utilized	一般工业固体废物处置量 Common Industrial Solid Wastes Disposed	危险废物产生量 Hazardous Wastes Generated	危险废物利用处置量 Hazardous Wastes Utilized and Disposed
全　国	**National Total**	**411371**	**237025**	**88761**	**9514.8**	**9443.9**
北　京	Beijing	171	143	28	27.1	27.3
天　津	Tianjin	1946	1936	10	82.7	82.8
河　北	Hebei	37092	20457	6775	543.8	549.3
山　西	Shanxi	48014	18743	23287	383.4	381.6
内蒙古	Inner Mongolia	41323	16753	15662	678.5	684.1
辽　宁	Liaoning	26372	12177	8531	221.8	206.1
吉　林	Jilin	4820	2609	1460	247.1	247.1
黑龙江	Heilongjiang	10118	4110	850	93.3	104.3
上　海	Shanghai	2084	1961	124	140.4	140.4
江　苏	Jiangsu	13278	12364	947	646.5	648.4
浙　江	Zhejiang	5503	5494	23	594.6	597.5
安　徽	Anhui	15164	14159	526	239.7	238.0
福　建	Fujian	6618	5671	731	180.9	178.4
江　西	Jiangxi	12714	6286	675	203.8	207.9
山　东	Shandong	25787	20079	1744	1109.0	1135.9
河　南	Henan	17854	14558	1427	342.4	330.6
湖　北	Hubei	9786	7847	871	175.6	176.6
湖　南	Hunan	4790	3729	546	254.0	256.7
广　东	Guangdong	8423	7135	900	546.4	548.1
广　西	Guangxi	10282	5227	1181	406.9	406.7
海　南	Hainan	714	517	196	26.8	26.5
重　庆	Chongqing	2472	1971	373	109.6	111.2
四　川	Sichuan	15127	6798	2517	529.5	534.1
贵　州	Guizhou	11497	7569	1975	94.7	92.4
云　南	Yunnan	16923	9292	4224	317.4	316.1
西　藏	Tibet	6467	452	7	0.1	0.1
陕　西	Shaanxi	13745	7206	5197	200.9	236.4
甘　肃	Gansu	7002	3077	2387	192.4	186.4
青　海	Qinghai	16663	9387	193	319.4	176.9
宁　夏	Ningxia	7888	4598	2994	127.6	131.5
新　疆	Xinjiang	10730	4720	2397	478.6	484.3

资料来源：生态环境部(以下各表同)。
Source:Ministry of Ecology and Environment (the same as in the following tables).

5-3 各行业工业固体废物产生和利用情况(2022年)
Generation and Utilization of Industrial Solid Wastes by Sector (2022)

单位：万吨 (10 000 tons)

行　业	Sector	一般工业固体废物产生量 Common Industrial Solid Wastes Generated	一般工业固体废物综合利用量 Common Industrial Solid Wastes Utilized	一般工业固体废物处置量 Common Industrial Solid Wastes Disposed
行业总计	**Total**	**411370.9**	**237025.4**	**88761.1**
农、林、牧、渔专业及辅助性活动	Professional and Support Activities for Agriculture, Forestry, Animal Husbandry and Fishery	29.8	23.0	4.9
煤炭开采和洗选业	Mining and Washing of Coal	54302.5	34077.7	18682.0
石油和天然气开采业	Extraction of Petroleum and Natural Gas	360.6	145.7	217.3
黑色金属矿采选业	Mining and Processing of Ferrous Metal Ores	56448.5	18962.4	15262.1
有色金属矿采选业	Mining and Processing of Non-ferrous Metal Ores	57889.4	14808.8	12511.1
非金属矿采选业	Mining and Processing of Non-metal Ores	5735.3	3522.5	1040.3
开采专业及辅助性活动	Professional and Support Activities for Mining	491.2	366.6	132.7
其他采矿业	Mining of Other Ores	15.9	6.6	2.4
农副食品加工业	Processing of Food from Agricultural Products	1605.5	1352.3	248.5
食品制造业	Manufacture of Foods	1062.1	790.2	248.3
酒、饮料和精制茶制造业	Manufacture of Liquor, Beverages and Refined Tea	1178.8	1025.2	154.3
烟草制品业	Manufacture of Tobacco	32.2	22.8	9.4
纺织业	Manufacture of Textile	458.3	352.1	107.0
纺织服装、服饰业	Manufacture of Textile, Wearing Apparel and Accessories	10.0	5.5	4.3
皮革、毛皮、羽毛及其制品和制鞋业	Manufacture of Leather, Fur, Feather and Related Products and Footware	63.9	26.5	38.5
木材加工和木、竹、藤、棕、草制品业	Processing of Timber, Manufacture of Wood, Bamboo, Rattan, Palm and Straw Products	150.8	133.8	17.2
家具制造业	Manufacture of Furniture	64.7	53.4	11.5
造纸及纸制品业	Manufacture of Paper and Paper Products	2443.6	1805.0	651.5
印刷和记录媒介复制业	Printing and Reproduction of Recording Media	93.6	66.9	27.2
文教、工美、体育和娱乐用品制造业	Manufacture of Articles for Culture, Education, Arts and Crafts, Sport and Entertainment Activities	11.5	8.2	3.3
石油、煤炭及其他燃料加工业	Processing of Petroleum, Coal and Other Fuels	6963.4	2847.9	3293.3

5-3 续表 1 continued 1

单位：万吨 (10 000 tons)

行 业	Sector	一般工业固体废物产生量 Common Industrial Solid Wastes Generated	一般工业固体废物综合利用量 Common Industrial Solid Wastes Utilized	一般工业固体废物处置量 Common Industrial Solid Wastes Disposed
化学原料和化学制品制造业	Manufacture of Raw Chemical Materials and Chemical Products	40153.1	25116.9	6416.5
医药制造业	Manufacture of Medicines	343.7	186.0	127.6
化学纤维制造业	Manufacture of Chemical Fibers	378.7	292.2	82.5
橡胶和塑料制品业	Manufacture of Rubber and Plastics Products	161.7	117.9	46.5
非金属矿物制品业	Manufacture of Non-metallic Mineral Products	4991.8	4250.0	557.9
黑色金属冶炼和压延加工业	Smelting and Pressing of Ferrous Metals	57227.4	48251.6	6339.0
有色金属冶炼和压延加工业	Smelting and Pressing of Non-ferrous Metals	20725.9	5978.9	4745.2
金属制品业	Manufacture of Metal Products	909.8	620.8	287.0
通用设备制造业	Manufacture of General Purpose Machinery	285.3	224.7	61.6
专用设备制造业	Manufacture of Special Purpose Machinery	184.6	115.9	68.6
汽车制造业	Manufacture of Automobiles	800.2	660.6	139.4
铁路、船舶、航空航天和其他运输设备制造业	Manufacture of Railway, Ship, Aerospace and Other Transport Equipments	183.0	131.7	51.5
电气机械和器材制造业	Manufacture of Electrical Machinery and Apparatus	345.0	244.2	101.0
计算机、通信和其他电子设备制造业	Manufacture of Computers, Communication and Other Electronic Equipment	415.4	314.8	100.2
仪器仪表制造业	Manufacture of Measuring Instruments and Machinery	2.4	1.5	0.9
其他制造业	Other Manufacture	15.3	11.0	3.8
废弃资源综合利用业	Utilization of Waste Resources	1926.4	1630.4	306.6
金属制品、机械和设备修理业	Repair Service of Metal Products, Machinery and Equipment	47.5	43.2	5.0
电力、热力生产和供应业	Production and Supply of Electric Power and Heat Power	92565.6	68323.1	16570.5
燃气生产和供应业	Production and Supply of Gas	166.2	18.8	37.7
水的生产和供应业	Production and Supply of Water	130.0	88.1	44.8

5-3 续表 2 continued 2

单位：万吨 (10 000 tons)

行 业	Sector	危险废物产生量 Hazardous Wastes Generated	危险废物利用处置量 Hazardous Wastes Utilized and Disposed
行业总计	**Total**	**9514.8**	**9443.9**
农、林、牧、渔专业及辅助性活动	Professional and Support Activities for Agriculture, Forestry, Animal Husbandry and Fishery	0.2	0.2
煤炭开采和洗选业	Mining and Washing of Coal	4.6	4.6
石油和天然气开采业	Extraction of Petroleum and Natural Gas	255.3	265.5
黑色金属矿采选业	Mining and Processing of Ferrous Metal Ores	0.5	0.5
有色金属矿采选业	Mining and Processing of Non-ferrous Metal Ores	544.3	543.2
非金属矿采选业	Mining and Processing of Non-metal Ores	162.5	0.5
开采专业及辅助性活动	Professional and Support Activities for Mining	10.8	15.0
其他采矿业	Mining of Other Ores	0.0	0.0
农副食品加工业	Processing of Food from Agricultural Products	1.2	1.2
食品制造业	Manufacture of Foods	4.8	5.0
酒、饮料和精制茶制造业	Manufacture of Liquor, Beverages and Refined Tea	0.5	0.5
烟草制品业	Manufacture of Tobacco	0.1	0.1
纺织业	Manufacture of Textile	18.4	18.5
纺织服装、服饰业	Manufacture of Textile, Wearing Apparel and Accessories	0.7	0.7
皮革、毛皮、羽毛及其制品和制鞋业	Manufacture of Leather, Fur, Feather and Related Products and Footware	16.3	16.4
木材加工和木、竹、藤、棕、草制品业	Processing of Timber, Manufacture of Wood, Bamboo, Rattan, Palm and Straw Products	0.7	0.8
家具制造业	Manufacture of Furniture	4.0	4.1
造纸及纸制品业	Manufacture of Paper and Paper Products	4.7	4.6
印刷和记录媒介复制业	Printing and Reproduction of Recording Media	4.8	4.8
文教、工美、体育和娱乐用品制造业	Manufacture of Articles for Culture, Education, Arts and Crafts, Sport and Entertainment Activities	2.7	2.7
石油、煤炭及其他燃料加工业	Processing of Petroleum, Coal and Other Fuels	1476.7	1473.7

5−3 续表 3 continued 3

单位：万吨 (10 000 tons)

行 业	Sector	危险废物产生量 Hazardous Wastes Generated	危险废物利用处置量 Hazardous Wastes Utilized and Disposed
化学原料和化学制品制造业	Manufacture of Raw Chemical Materials and Chemical Products	1819.4	1828.8
医药制造业	Manufacture of Medicines	237.0	237.3
化学纤维制造业	Manufacture of Chemical Fibers	8.8	8.8
橡胶和塑料制品业	Manufacture of Rubber and Plastics Products	39.4	39.6
非金属矿物制品业	Manufacture of Non-metallic Mineral Products	71.7	73.6
黑色金属冶炼和压延加工业	Smelting and Pressing of Ferrous Metals	1070.2	1074.0
有色金属冶炼和压延加工业	Smelting and Pressing of Non-ferrous Metals	1520.9	1582.6
金属制品业	Manufacture of Metal Products	394.0	395.1
通用设备制造业	Manufacture of General Purpose Machinery	49.2	49.7
专用设备制造业	Manufacture of Special Purpose Machinery	14.7	16.0
汽车制造业	Manufacture of Automobiles	90.9	91.6
铁路、船舶、航空航天和其他运输设备制造业	Manufacture of Railway, Ship, Aerospace and Other Transport Equipments	21.0	21.0
电气机械和器材制造业	Manufacture of Electrical Machinery and Apparatus	72.7	72.6
计算机、通信和其他电子设备制造业	Manufacture of Computers, Communication and Other Electronic Equipment	454.8	455.4
仪器仪表制造业	Manufacture of Measuring Instruments and Machinery	0.9	0.9
其他制造业	Other Manufacture	3.8	3.7
废弃资源综合利用业	Utilization of Waste Resources	112.4	114.7
金属制品、机械和设备修理业	Repair Service of Metal Products, Machinery and Equipment	17.1	17.1
电力、热力生产和供应业	Production and Supply of Electric Power and Heat Power	992.0	988.6
燃气生产和供应业	Production and Supply of Gas	7.7	7.8
水的生产和供应业	Production and Supply of Water	2.5	2.5

5-4 主要城市工业固体废物产生和排放情况(2022年)
Generation and Discharge of Industrial Solid Wastes in Major Cities (2022)

单位：万吨 (10 000 tons)

城市	City	一般工业固体废物产生量 Common Industrial Solid Wastes Generated	一般工业固体废物综合利用量 Common Industrial Solid Wastes Utilized	一般工业固体废物处置量 Common Industrial Solid Wastes Disposed
北京	Beijing	171.4	143.3	28.2
天津	Tianjin	1946.1	1935.6	9.8
石家庄	Shijiazhuang	1301.2	1230.2	72.9
太原	Taiyuan	3619.9	1569.3	1989.2
呼和浩特	Hohhot	1377.4	749.8	591.0
沈阳	Shenyang	910.9	876.3	63.5
长春	Changchun	634.6	472.5	162.1
哈尔滨	Harbin	642.7	567.7	55.0
上海	Shanghai	2084.1	1960.6	124.3
南京	Nanjing	1698.0	1626.0	71.8
杭州	Hangzhou	559.3	558.0	4.3
合肥	Hefei	1328.1	1041.4	46.9
福州	Fuzhou	997.6	934.1	65.9
南昌	Nanchang	238.2	230.1	8.0
济南	Jinan	2439.3	2354.1	121.0
郑州	Zhengzhou	1398.1	1183.0	215.4
武汉	Wuhan	1284.3	1257.1	29.2
长沙	Changsha	161.1	119.5	33.1
广州	Guangzhou	693.2	661.2	29.8
南宁	Nanning	189.7	180.8	8.2
海口	Haikou	17.8	16.2	1.7
重庆	Chongqing	2472.2	1970.8	373.1
成都	Chengdu	402.9	382.0	20.9
贵阳	Guiyang	2156.4	1480.2	617.1
昆明	Kunming	3345.4	1807.6	1345.3
拉萨	Lhasa	4779.4	386.8	4.4
西安	Xi'an	321.9	254.6	67.2
兰州	Lanzhou	572.6	561.2	5.5
西宁	Xining	434.3	400.1	10.2
银川	Yinchuan	1798.7	1191.7	547.7
乌鲁木齐	Urumqi	881.5	835.5	40.2

六、自然生态

Natural Ecology

6-1 全国自然生态情况(2000-2022年)
Natural Ecology(2000-2022)

年 份 Year	自然保护区 数(个) Number of Nature Reserves (unit)	自然保护区面 积(万公顷) Area of Nature Reserves (10 000 hectares)	保护区面积占辖区面积比重(%) Percentage of Nature Reserves in the Region (%)	累计除涝面 积(万公顷) Area with Flood Prevention Measures (10 000 hectares)	累计水土流失治理面积(万公顷) Area of Soil Erosion under Control (10 000 hectares)
2000	1227	9821	9.9		8096.1
2001	1551	12989	12.9		8153.9
2002	1757	13295	13.2		8541.0
2003	1999	14398	14.4	2113.9	8971.4
2004	2194	14823	14.8	2119.8	9200.5
2005	2349	14995	15.0	2134.0	9465.5
2006	2395	15154	15.2	2137.6	9749.1
2007	2531	15188	15.2	2141.9	9987.1
2008	2538	14894	14.9	2142.5	10158.7
2009	2541	14775	14.7	2158.4	10454.5
2010	2588	14944	14.9	2169.2	10680.0
2011	2640	14971	14.9	2172.2	10966.4
2012	2669	14979	14.9	2185.7	10295.3
2013	2697	14631	14.8	2194.3	10689.2
2014	2729	14699	14.8	2236.9	11160.9
2015	2740	14703	14.8	2271.3	11557.8
2016	2750	14733	14.9	2306.7	12041.2
2017	2750	14717	14.9	2382.4	12583.9
2018	474	9861		2426.2	13153.2
2019	474	9811		2453.0	13732.5
2020	474	9821		2458.6	14312.2
2021	474	9821		2448.0	14955.2
2022				2412.9	15603.0

注：2017年及以前自然保护区相关数据来自生态环境部，统计范围为全国各级自然保护区；2018年及以后数据来自国家林业和草原局，统计范围为国家级自然保护区。

Notes: The indices of Number of Nature Reserve and Area of Nature Reserves were counted by national and regional level before 2017, provided by Ministry of Ecology and Environment.These two indices have been counted by national level only since 2018, provided by National Forestry and Grassland Administration.

6-1 续表 continued

单位：万公顷 (10 000 hectares)

年 份 Year	造林总面积 Total Area of Afforestation	人工造林 Manual Planting	飞播造林 Airplane Planting	封山育林 Closed Hillsides for Afforestation	退化林修复 Restoration of Degraded Forest	人工更新 Artificial Regeneration
2000	510.5	434.5	76.0			
2001	495.3	397.7	97.6			
2002	777.1	689.6	87.5			
2003	911.9	843.2	68.6			
2004	679.5	501.9	57.9	119.7		
2005	540.4	323.2	41.6	175.6		
2006	383.9	244.6	27.2	112.1		
2007	390.8	273.9	11.9	105.1		
2008	535.4	368.5	15.4	151.5		
2009	626.2	415.6	22.6	188.0		
2010	591.0	387.3	19.6	184.1		
2011	599.7	406.6	19.7	173.4		
2012	559.6	382.1	13.6	163.9		
2013	610.0	421.0	15.4	173.6		
2014	555.0	405.3	10.8	138.9		
2015	768.4	436.3	12.8	215.3	73.9	30.1
2016	720.4	382.4	16.2	195.4	99.1	27.3
2017	768.1	429.6	14.1	165.7	128.1	30.5
2018	729.9	367.8	13.5	178.5	132.9	37.2
2019	739.0	345.8	12.6	189.8	153.8	37.0
2020	693.4	300.0	15.1	177.5	162.0	38.8
2021	375.4	108.5	17.2	123.5	101.1	25.1
2022	420.3	93.1	16.6	105.7	158.3	46.6

注：自2015年起造林面积包括人工造林、飞播造林、新封山育林、退化林修复和人工更新。自2019年起新封山育林指标名称改为封山育林。

Note: Since 2015, total area of afforestation includes that of manual planting, airplane planting, new closed hillsides for affordstation, restoration of degraded forest, artificial regeneration. Since 2019, New Closed Hillsides for Affordstation is renamed as Closed Hillsides for Affordstation.

6–2 各地区土地利用情况(2020年)
Land Use by Region (2020)

单位：千公顷 (1 000 hectares)

地 区	Region	耕 地 Cultivated Land	园 地 Garden Land	林 地 Forest Land	草 地 Grassland	湿 地 Wetland
全 国	**National Total**	**127436.7**	**20279.3**	**284080.7**	**264379.3**	**23646.7**
北 京	Beijing	93.6	125.7	973.7	13.6	3.1
天 津	Tianjin	328.5	36.9	149.5	15.2	32.6
河 北	Hebei	6011.4	1004.1	6428.8	1937.4	141.2
山 西	Shanxi	3861.7	640.8	6096.4	3097.3	54.0
内蒙古	Inner Mongolia	11497.7	48.1	24374.4	54125.0	3805.0
辽 宁	Liaoning	5159.4	531.1	6012.1	485.5	289.4
吉 林	Jilin	7466.8	78.0	8776.6	670.5	227.3
黑龙江	Heilongjiang	17180.2	65.2	21624.7	1182.3	3497.1
上 海	Shanghai	160.6	15.0	83.2	13.2	72.6
江 苏	Jiangsu	4075.9	229.0	784.3	91.8	412.1
浙 江	Zhejiang	1281.0	757.4	6089.6	64.4	164.3
安 徽	Anhui	5520.3	373.8	4087.8	48.3	48.1
福 建	Fujian	926.6	920.3	8802.8	74.5	187.9
江 西	Jiangxi	2711.8	581.0	10393.4	89.4	228.2
山 东	Shandong	6409.6	1264.4	2609.8	233.8	246.8
河 南	Henan	7488.1	425.5	4390.8	254.7	38.1
湖 北	Hubei	4754.1	486.5	9276.8	88.6	60.4
湖 南	Hunan	3621.2	895.1	12696.3	140.3	235.6
广 东	Guangdong	1898.7	1318.7	10775.1	236.4	178.8
广 西	Guangxi	3285.9	1681.2	16070.8	271.7	126.9
海 南	Hainan	486.9	1216.7	1169.9	16.7	121.2
重 庆	Chongqing	1866.3	283.9	4683.9	23.6	14.9
四 川	Sichuan	5181.8	1242.9	25425.5	9681.0	1231.5
贵 州	Guizhou	3415.0	596.3	11231.6	185.6	7.2
云 南	Yunnan	5377.9	2585.6	24944.9	1317.8	38.3
西 藏	Tibet	441.0	12.0	17894.0	80060.0	4301.5
陕 西	Shaanxi	2930.7	1213.3	12468.6	2202.5	48.0
甘 肃	Gansu	5199.5	428.6	7967.0	14297.9	1185.3
青 海	Qinghai	565.0	62.1	4602.6	39466.6	5101.2
宁 夏	Ningxia	1198.4	90.2	954.1	2024.1	24.3
新 疆	Xinjiang	7041.2	1069.7	12241.4	51969.6	1524.0

6-2 续表 continued

单位：千公顷 (1 000 hectares)

地 区	Region	城镇村及工矿用地 Land for Urban, Rural, Industrial and Mining Activities	交通运输用地 Land Used for Transport	水域及水利设施用地 Land Used for Water and Water Conservancy Facilities
全 国	**National Total**	**35618.3**	**9756.1**	**36175.0**
北 京	Beijing	308.5	50.0	61.8
天 津	Tianjin	332.6	46.2	236.4
河 北	Hebei	2119.8	416.1	572.5
山 西	Shanxi	1025.4	275.1	173.5
内蒙古	Inner Mongolia	1510.1	807.5	1069.9
辽 宁	Liaoning	1321.9	309.5	694.2
吉 林	Jilin	854.7	265.9	611.4
黑龙江	Heilongjiang	1167.1	547.9	1695.3
上 海	Shanghai	289.5	34.6	191.1
江 苏	Jiangsu	2113.9	371.3	2501.8
浙 江	Zhejiang	1156.2	254.8	701.2
安 徽	Anhui	1770.0	309.5	1735.6
福 建	Fujian	711.2	223.3	373.4
江 西	Jiangxi	1112.8	356.6	1092.8
山 东	Shandong	2830.8	452.6	1334.2
河 南	Henan	2464.7	393.4	856.1
湖 北	Hubei	1420.8	336.0	1986.0
湖 南	Hunan	1640.6	371.0	1259.8
广 东	Guangdong	1783.3	339.5	1338.1
广 西	Guangxi	1000.4	365.7	751.7
海 南	Hainan	246.5	60.2	183.3
重 庆	Chongqing	642.6	162.1	272.9
四 川	Sichuan	1864.8	489.7	1061.9
贵 州	Guizhou	783.0	340.5	257.4
云 南	Yunnan	1086.0	540.0	616.2
西 藏	Tibet	167.0	169.1	5932.0
陕 西	Shaanxi	924.7	308.0	275.9
甘 肃	Gansu	861.9	337.8	410.3
青 海	Qinghai	370.1	142.3	2447.8
宁 夏	Ningxia	299.1	95.9	169.8
新 疆	Xinjiang	1438.2	584.2	5311.0

6-3 各地区土地利用情况(2021年)
Land Use by Region (2021)

单位：千公顷 (1 000 hectares)

地 区	Region	耕 地 Cultivated Land	园 地 Garden Land	林 地 Forest Land	草 地 Grassland	湿 地 Wetland
全 国	**National Total**	**127516.8**	**20260.5**	**283548.6**	**264450.8**	**23609.6**
北 京	Beijing	120.0	112.1	967.0	12.0	3.0
天 津	Tianjin	330.3	36.6	149.3	14.8	32.8
河 北	Hebei	5968.7	1001.5	6449.3	1917.7	140.5
山 西	Shanxi	3863.2	640.6	6110.2	3066.4	51.3
内蒙古	Inner Mongolia	11559.6	48.7	24381.5	54037.5	3799.8
辽 宁	Liaoning	5153.6	534.0	5999.2	476.7	295.6
吉 林	Jilin	7449.8	83.8	8795.0	653.1	225.5
黑龙江	Heilongjiang	17165.8	67.3	21627.6	1176.4	3491.6
上 海	Shanghai	159.7	14.5	84.6	15.0	72.1
江 苏	Jiangsu	4085.8	227.6	803.1	92.5	408.9
浙 江	Zhejiang	1294.9	745.1	6076.1	68.1	161.4
安 徽	Anhui	5541.8	375.1	4076.4	48.1	45.6
福 建	Fujian	920.3	926.7	8792.3	72.2	187.2
江 西	Jiangxi	2711.2	594.7	10362.6	89.6	227.1
山 东	Shandong	6414.9	1245.0	2591.6	227.0	246.8
河 南	Henan	7519.4	412.0	4366.9	245.9	36.6
湖 北	Hubei	4741.4	490.7	9280.7	88.3	55.4
湖 南	Hunan	3626.1	907.4	12672.7	137.8	234.2
广 东	Guangdong	1899.7	1316.6	10742.3	230.2	178.4
广 西	Guangxi	3260.2	1684.1	16056.6	268.3	126.3
海 南	Hainan	487.5	1218.2	1161.0	16.5	121.2
重 庆	Chongqing	1853.8	291.7	4690.9	23.5	14.9
四 川	Sichuan	5195.3	1231.5	25471.5	9608.3	1231.3
贵 州	Guizhou	3393.3	614.5	11228.5	185.1	7.2
云 南	Yunnan	5383.5	2584.9	24907.2	1312.4	37.3
西 藏	Tibet	448.7	14.0	17890.0	80043.4	4299.8
陕 西	Shaanxi	2962.6	1184.3	12461.2	2186.8	47.6
甘 肃	Gansu	5205.6	426.1	8068.3	14185.7	1184.3
青 海	Qinghai	565.6	60.5	4604.7	39460.5	5100.1
宁 夏	Ningxia	1198.5	91.5	978.4	1998.0	24.6
新 疆	Xinjiang	7035.9	1079.2	11702.0	52492.9	1521.3

6-3 续表 continued

单位：千公顷 (1 000 hectares)

地 区	Region	城镇村及工矿用地 Land for Urban, Rural, Industrial and Mining Activities	交通运输用地 Land Used for Transport	水域及水利设施用地 Land Used for Water and Water Conservancy Facilities
全 国	**National Total**	**35806.1**	**9976.5**	**36249.8**
北 京	Beijing	301.0	51.1	63.8
天 津	Tianjin	331.9	46.7	235.7
河 北	Hebei	2145.9	419.3	581.9
山 西	Shanxi	1028.6	286.3	174.8
内蒙古	Inner Mongolia	1524.1	814.0	1073.9
辽 宁	Liaoning	1343.7	310.6	695.7
吉 林	Jilin	859.4	269.9	616.5
黑龙江	Heilongjiang	1171.5	551.9	1705.6
上 海	Shanghai	291.7	35.3	186.9
江 苏	Jiangsu	2088.4	379.7	2492.4
浙 江	Zhejiang	1158.1	265.8	697.1
安 徽	Anhui	1756.2	317.7	1728.3
福 建	Fujian	719.2	227.6	374.0
江 西	Jiangxi	1126.0	358.0	1094.5
山 东	Shandong	2843.4	465.0	1342.4
河 南	Henan	2463.7	398.9	863.8
湖 北	Hubei	1422.2	343.7	1984.8
湖 南	Hunan	1641.9	377.9	1259.2
广 东	Guangdong	1810.5	350.9	1336.7
广 西	Guangxi	1018.0	383.7	753.9
海 南	Hainan	250.2	62.1	183.7
重 庆	Chongqing	635.8	169.5	274.6
四 川	Sichuan	1858.9	515.2	1080.2
贵 州	Guizhou	782.1	348.7	260.2
云 南	Yunnan	1095.7	551.2	626.0
西 藏	Tibet	171.5	171.0	5935.1
陕 西	Shaanxi	931.5	313.3	280.5
甘 肃	Gansu	870.8	344.4	411.0
青 海	Qinghai	373.7	146.9	2450.0
宁 夏	Ningxia	300.6	97.5	170.5
新 疆	Xinjiang	1490.1	602.9	5316.3

6-4 各地区土地利用情况(2022年)
Land Use by Region (2022)

单位：千公顷 (1 000 hectares)

地 区	Region	耕 地 Cultivated Land	园 地 Garden Land	林 地 Forest Land	草 地 Grassland	湿 地 Wetland
全 国	**National Total**	**127579.9**	**20112.6**	**283545.8**	**264285.0**	**23568.7**
北 京	Beijing	124.8	108.9	965.9	14.5	3.0
天 津	Tianjin	332.4	35.8	148.1	14.1	32.7
河 北	Hebei	6011.2	970.0	6418.0	1920.1	136.7
山 西	Shanxi	3870.5	631.2	6116.7	3057.2	49.3
内蒙古	Inner Mongolia	11561.1	48.9	24389.5	53987.3	3796.6
辽 宁	Liaoning	5156.7	530.1	5989.6	478.1	295.9
吉 林	Jilin	7444.3	93.6	8797.2	636.2	223.0
黑龙江	Heilongjiang	17131.3	74.9	21634.8	1172.8	3487.3
上 海	Shanghai	161.6	14.4	88.1	17.6	71.4
江 苏	Jiangsu	4091.2	224.1	804.7	101.7	408.1
浙 江	Zhejiang	1304.8	719.8	6070.4	78.5	157.8
安 徽	Anhui	5550.9	373.5	4059.2	56.1	43.1
福 建	Fujian	920.9	926.4	8779.6	75.1	186.7
江 西	Jiangxi	2712.8	603.5	10336.3	95.2	226.3
山 东	Shandong	6456.4	1217.7	2535.1	243.1	246.5
河 南	Henan	7534.9	402.4	4349.3	246.1	35.0
湖 北	Hubei	4698.0	490.6	9322.4	93.3	49.7
湖 南	Hunan	3654.2	905.4	12637.3	139.8	232.1
广 东	Guangdong	1906.3	1294.0	10728.8	240.7	177.0
广 西	Guangxi	3279.7	1658.1	16022.6	279.1	125.9
海 南	Hainan	484.3	1222.0	1155.3	17.9	121.6
重 庆	Chongqing	1850.3	290.1	4689.8	25.1	14.7
四 川	Sichuan	5209.9	1214.4	25435.0	9608.1	1229.6
贵 州	Guizhou	3366.1	618.1	11235.2	192.0	7.0
云 南	Yunnan	5286.7	2629.2	24968.8	1311.4	36.3
西 藏	Tibet	441.2	14.1	17889.9	80045.6	4299.2
陕 西	Shaanxi	2989.3	1148.9	12453.3	2192.0	47.4
甘 肃	Gansu	5195.2	425.2	8151.7	14114.0	1183.2
青 海	Qinghai	564.4	60.5	4605.9	39442.5	5100.1
宁 夏	Ningxia	1200.9	90.8	981.1	1990.2	25.4
新 疆	Xinjiang	7087.8	1076.3	11786.2	52399.8	1519.8

6-4 续表 continued

单位：千公顷 (1 000 hectares)

地 区	Region	城镇村及工矿用地 Land for Urban, Rural, Industrial and Mining Activities	交通运输用地 Land Used for Transport	水域及水利设施用地 Land Used for Water and Water Conservancy Facilities
全 国	**National Total**	**35967.8**	**10186.3**	**36295.5**
北 京	Beijing	297.8	51.8	63.8
天 津	Tianjin	332.7	47.1	235.4
河 北	Hebei	2154.8	425.7	586.8
山 西	Shanxi	1028.9	288.3	177.7
内蒙古	Inner Mongolia	1542.5	822.9	1088.6
辽 宁	Liaoning	1345.3	312.1	701.0
吉 林	Jilin	861.8	272.8	629.2
黑龙江	Heilongjiang	1176.3	554.5	1724.0
上 海	Shanghai	283.8	36.2	186.4
江 苏	Jiangsu	2080.8	385.6	2482.3
浙 江	Zhejiang	1169.1	273.2	692.3
安 徽	Anhui	1757.3	325.2	1721.2
福 建	Fujian	726.4	231.4	373.1
江 西	Jiangxi	1131.3	365.1	1092.8
山 东	Shandong	2853.1	477.1	1345.2
河 南	Henan	2465.2	406.8	865.5
湖 北	Hubei	1421.5	354.3	1979.4
湖 南	Hunan	1643.9	386.1	1254.4
广 东	Guangdong	1828.9	360.5	1329.1
广 西	Guangxi	1029.7	402.6	752.4
海 南	Hainan	251.6	63.5	184.1
重 庆	Chongqing	636.8	174.7	273.8
四 川	Sichuan	1861.5	542.4	1086.6
贵 州	Guizhou	785.3	358.5	263.7
云 南	Yunnan	1103.7	561.1	631.8
西 藏	Tibet	172.5	174.3	5938.7
陕 西	Shaanxi	936.6	317.2	281.6
甘 肃	Gansu	880.1	352.0	413.0
青 海	Qinghai	378.4	150.3	2456.0
宁 夏	Ningxia	302.1	98.7	170.4
新 疆	Xinjiang	1528.0	614.4	5315.3

6–5 各地区自然保护基本情况(2021年)
Basic Conditions of Natural Protection by Region (2021)

地 区	Region	国家级自然保护区个数 (个) Number of National Nature Reserves (number)	国家级自然保护区面积 (万公顷) Area of National Nature Reserves (10 000 hectares)
全 国	**National Total**	**474**	**9821.3**
北 京	Beijing	2	2.9
天 津	Tianjin	3	3.1
河 北	Hebei	14	27.1
山 西	Shanxi	8	14.1
内蒙古	Inner Mongolia	29	434.9
辽 宁	Liaoning	19	90.5
吉 林	Jilin	24	122.8
黑龙江	Heilongjiang	49	389.4
上 海	Shanghai	2	6.5
江 苏	Jiangsu	3	30.2
浙 江	Zhejiang	11	14.8
安 徽	Anhui	8	14.4
福 建	Fujian	17	22.7
江 西	Jiangxi	16	26.1
山 东	Shandong	7	22.1
河 南	Henan	13	44.2
湖 北	Hubei	22	54.6
湖 南	Hunan	23	60.6
广 东	Guangdong	15	33.9
广 西	Guangxi	23	37.2
海 南	Hainan	10	16.3
重 庆	Chongqing	7	25.5
四 川	Sichuan	32	304.9
贵 州	Guizhou	11	29.0
云 南	Yunnan	21	152.2
西 藏	Tibet	11	3712.3
陕 西	Shaanxi	26	62.8
甘 肃	Gansu	21	671.7
青 海	Qinghai	7	2116.2
宁 夏	Ningxia	9	46.6
新 疆	Xinjiang	15	1232.0

资料来源：国家林业和草原局。
Source: National Forestry and Grassland Administration.

6-6 各地区造林情况(2022年)
Area of Afforestation by Region (2022)

单位：公顷 (hectare)

地区	Region	造林总面积 Total Area of Afforestation	按造林方式分 By Approach 人工造林 Manual Planting	飞播造林 Airplane Planting	封山育林 Closed Hillsides for Afforestation	退化林修复 Restoration of Degraded Forest	人工更新 Artificial Regeneration
全国	**National Total**	**4202790**	**930860**	**166099**	**1057316**	**1582935**	**465579**
北京	Beijing	3481	3481				1
天津	Tianjin	5458			5458		
河北	Hebei	193707	56685	17762	85294	30880	3086
山西	Shanxi	362017	227011	11048	63654	54798	5505
内蒙古	Inner Mongolia	261710	87884	17786	30543	112285	13211
辽宁	Liaoning	67403	27293		3334	31487	5290
吉林	Jilin	131037	1631		5105	109026	15276
黑龙江	Heilongjiang	75470	7150		27212	33732	7377
上海	Shanghai	35	35				
江苏	Jiangsu	2588	1397			382	809
浙江	Zhejiang	13632	2666			5208	5758
安徽	Anhui	37964	5826		14160	13372	4607
福建	Fujian	111123	1517		32579	32870	44157
江西	Jiangxi	257812	6581		46506	139855	64869
山东	Shandong	15491	4995			7481	3015
河南	Henan	114527	34098	16314	22335	29135	12645
湖北	Hubei	176322	41277		64218	62009	8817
湖南	Hunan	300184	71837		70462	126275	31610
广东	Guangdong	175918	3112		29129	43504	100172
广西	Guangxi	119183	5953		3122	30952	79156
海南	Hainan	10517	730			8	9780
重庆	Chongqing	133463	16634	667	28533	85042	2588
四川	Sichuan	163238	13070	8	69580	72101	8479
贵州	Guizhou	184517	32717		3332	131974	16495
云南	Yunnan	186903	28688		64804	88836	4575
西藏	Tibet	66937	13504	51067	1256		1110
陕西	Shaanxi	381952	43717	50113	174312	110305	3506
甘肃	Gansu	252005	102277		52080	96923	725
青海	Qinghai	146631	17631	1334	80750	43143	3772
宁夏	Ningxia	109814	47633		4723	52401	5058
新疆	Xinjiang	128487	23687		74834	25974	3993
大兴安岭	Daxinganling	13261	145			12977	140

资料来源：国家林业和草原局(以下各表同)。
Source: National Forestry and Grassland Administration (the same as in the following tables).

6–7 各地区种草改良情况(2022年)
Construction of Grassland by Region (2022)

单位：千公顷 (1 000 hectares)

地 区	Region	种草改良面积 Area of Grass Planting and Improvement				
		合计 Total	人工种草 Artificial Grass Planting	飞播种草 Aerial Seeding for Grass Planting	草原改良 Grassland Improvement	围栏封育 Fencing to Increase the Species Richness
全 国	**National Total**	**3214.1**	**481.6**		**722.3**	**2010.2**
北 京	Beijing					
天 津	Tianjin					
河 北	Hebei	26.6	2.0		3.1	21.5
山 西	Shanxi	20.0	4.7		7.0	8.3
内蒙古	Inner Mongolia	1076.5	265.9		398.8	411.8
辽 宁	Liaoning	55.6	21.4		32.2	2.0
吉 林	Jilin	11.9	0.5		0.8	10.7
黑龙江	Heilongjiang	8.5	1.5		2.2	4.9
上 海	Shanghai					
江 苏	Jiangsu					
浙 江	Zhejiang					
安 徽	Anhui					
福 建	Fujian					
江 西	Jiangxi					
山 东	Shandong					
河 南	Henan	19.2	2.3		3.5	13.3
湖 北	Hubei					
湖 南	Hunan	12.6	2.2		3.3	7.1
广 东	Guangdong					
广 西	Guangxi	1.2	0.1		0.1	1.0
海 南	Hainan					
重 庆	Chongqing					
四 川	Sichuan	200.4	18.7		28.0	153.7
贵 州	Guizhou	24.9	7.5		11.3	6.1
云 南	Yunnan	57.0	15.1		22.6	19.3
西 藏	Tibet	290.0	27.7		41.6	220.7
陕 西	Shaanxi	13.2	1.8		2.7	8.8
甘 肃	Gansu	368.5	62.9		94.4	211.1
青 海	Qinghai	516.7	32.3		48.4	436.0
宁 夏	Ningxia	18.2	6.7		10.1	1.3
新 疆	Xinjiang	493.2	8.2		12.3	472.7

6–8 各地区矿山生态修复情况(2022年)
Ecological Restoration of Mine by Region (2022)

地 区	Region	现存采矿损毁土地面积(公顷) Existing Area of Land Destructed by Mining (hectare)	新增采矿损毁土地面积 Area of Land Destructed by Mining in Current Year	新增矿山生态修复土地面积(公顷) Ecological Restoration Land Area of Mine in Current Year (hectare)	新增历史遗留矿山生态修复土地面积 Ecological Restoration Land Area of Mine Arisen from the Problematic History Yearly
全 国	**National Total**	**872550**	**105370**	**123270**	**11794**
北 京	Beijing	710		557	145
天 津	Tianjin	1510		34	
河 北	Hebei	51877	395	6537	180
山 西	Shanxi	92615	15457	14139	1924
内蒙古	Inner Mongolia	134107	20733	29627	262
辽 宁	Liaoning	56061	1083	2463	996
吉 林	Jilin	17210	634	437	
黑龙江	Heilongjiang	56871	2014	1617	112
上 海	Shanghai	2		22	10
江 苏	Jiangsu	13008	2207	3423	936
浙 江	Zhejiang	5842	1780	1498	712
安 徽	Anhui	59269	1663	3324	462
福 建	Fujian	15122	829	1025	137
江 西	Jiangxi	17490	1024	2837	127
山 东	Shandong	41026	3009	7786	745
河 南	Henan	25394	2615	3213	183
湖 北	Hubei	9044	1867	1472	69
湖 南	Hunan	17039	1810	3724	1446
广 东	Guangdong	24805	5189	1202	274
广 西	Guangxi	35172	1556	1473	
海 南	Hainan	926	214	639	1
重 庆	Chongqing	9276	468	1385	672
四 川	Sichuan	13343	1589	1403	7
贵 州	Guizhou	8551	1766	1224	192
云 南	Yunnan	36666	3003	2658	621
西 藏	Tibet	2908	196	599	
陕 西	Shaanxi	28609	21315	13171	139
甘 肃	Gansu	17009	969	2171	231
青 海	Qinghai	4435	649	1326	502
宁 夏	Ningxia	13950	863	4077	387
新 疆	Xinjiang	62704	10473	8208	321

资料来源：自然资源部。
Source: Ministry of Natural Resources.

6-8 续表 continued

地 区	Region	本年投入矿山生态修复资金（万元）Investment of Mine Ecological Restoration in Current Year (10 000 yuan)	中央财政资金 Central Finance	地方财政资金 Local Finance	矿山企业资金 Mine Enterprise Investment	其他社会资金 Other Social Investment
全 国	**National Total**	**4011389**	**200403**	**720351**	**2952150**	**139071**
北 京	Beijing	5003		5003		
天 津	Tianjin	985			985	
河 北	Hebei	75271		20464	39689	15117
山 西	Shanxi	380318	23910	30563	325840	5
内蒙古	Inner Mongolia	823666		41191	778279	4197
辽 宁	Liaoning	125143	29612	25722	69646	163
吉 林	Jilin	11361	2602	2128	6631	
黑龙江	Heilongjiang	43816	4488	31384	7894	50
上 海	Shanghai	80	80			
江 苏	Jiangsu	109740	7880	76830	18640	6764
浙 江	Zhejiang	173550		97094	47533	28924
安 徽	Anhui	148962	4726	57114	86883	239
福 建	Fujian	46955	5014	14379	27482	80
江 西	Jiangxi	145241	8678	35070	84724	16770
山 东	Shandong	206746	3979	67354	118451	16963
河 南	Henan	145879	3333	14388	104497	23662
湖 北	Hubei	106092	22639	59748	17286	6419
湖 南	Hunan	82297	11158	19354	47877	3908
广 东	Guangdong	51492	7492	18877	24586	537
广 西	Guangxi	76809	1312	718	71792	3198
海 南	Hainan	30038	3660	5025	20553	800
重 庆	Chongqing	46523		29314	16458	751
四 川	Sichuan	69362	22127	4478	42678	78
贵 州	Guizhou	60119	8385	6806	44409	519
云 南	Yunnan	101833	4037	11968	78355	7473
西 藏	Tibet	33296	8546	1987	22752	11
陕 西	Shaanxi	705524		23318	682207	
甘 肃	Gansu	79644	8052	6566	63156	1871
青 海	Qinghai	29369	6141	2963	20265	
宁 夏	Ningxia	31134	2553	6319	22262	
新 疆	Xinjiang	65141		4228	60339	574

6–9 各流域除涝和水土流失治理情况(2022年)
Flood Prevention & Soil Erosion under Control by River Valley (2022)

单位：千公顷 (1 000 hectares)

流域片	River Valley	累计除涝面积 Area with Flood Prevention Measures	本年新增除涝面积 Increase Area with Flood Prevention	累计水土流失治理面积 Area of Soil Erosion under Control	#小流域治理面积 Small Drainage Area	本年新增水土流失治理面积 Increase Area of Soil Erosion under Control
全　国	**National Total**	**24128.8**	**274.1**	**156029.6**	**45634.7**	**6830.0**
松花江区	Songhuajiang River	4304.2		12715.8	1466.6	802.5
辽河区	Liaohe River	1251.5	9.4	10684.3	3618.2	417.0
海河区	Haihe River	3260.8	14.5	11792.3	5240.5	398.6
黄河区	Huanghe River	588.8	1.0	30803.2	8777.3	1603.5
淮河区	Huaihe River	8378.1	77.9	6838.4	2899.7	186.6
长江区	Changjiang River	4753.4	157.4	50860.1	17838.8	1796.4
东南诸河区	Southeastern Rivers	469.0	2.4	7878.2	1482.8	174.0
珠江区	Zhujiang River	977.0	7.0	10286.3	2260.5	478.2
西南诸河区	Southwestern Rivers	123.6	4.4	6250.1	1000.4	382.3
西北诸河区	Northwestern Rivers	22.5		7920.8	1049.9	590.9

资料来源：水利部(下表同)。
Source: Ministry of Water Resource (the same as in the following table).

6-10 各地区除涝和水土流失治理情况(2022年)
Flood Prevention & Soil Erosion under Control by Region (2022)

单位：千公顷 (1 000 hectares)

地 区 Region	累计除涝面积 Area with Flood Prevention Measures	本年新增除涝面积 Increase Area with Flood Prevention	累计水土流失治理面积 Area of Soil Erosion under Control	#小流域治理面积 Small Drainage Area	本年新增水土流失治理面积 Increase Area of Soil Erosion under Control	水土保持及生态项目本年完成投资(万元) Investment of Soil and Water Conservation & Ecological Projects (10 000 yuan)
全 国 National Total	**24128.8**	**274.1**	**156029.6**	**45634.7**	**6830.0**	**16254650**
北 京 Beijing	12.0		991.0	991.0	13.0	236109
天 津 Tianjin	362.1		104.5	51.3	0.5	235413
河 北 Hebei	1621.0	12.0	6359.8	3291.3	224.6	1005118
山 西 Shanxi	89.3		8070.3	857.3	388.2	401776
内蒙古 Inner Mongolia	277.0		16678.7	3492.5	777.7	87149
辽 宁 Liaoning	931.8		6144.1	2625.5	214.0	201410
吉 林 Jilin	1043.1	9.4	3230.3	258.0	226.4	612089
黑龙江 Heilongjiang	3347.1		6717.9	811.6	460.7	216963
上 海 Shanghai	52.0	1.3				933657
江 苏 Jiangsu	4030.2	40.6	970.1	361.6	10.2	1086132
浙 江 Zhejiang	580.9	0.0	3744.6	693.8	42.1	636815
安 徽 Anhui	2531.6	29.8	2284.9	958.2	65.9	519236
福 建 Fujian	160.4	2.4	4279.0	834.9	132.5	980766
江 西 Jiangxi	486.6	32.3	6468.5	1574.2	135.1	993356
山 东 Shandong	3066.2	19.6	4722.5	1768.2	139.4	498651
河 南 Henan	2184.9	6.6	4269.7	2393.7	135.4	856301
湖 北 Hubei	1385.4	94.3	6731.0	1411.1	167.2	1684536
湖 南 Hunan	437.6	1.3	4415.8	1087.6	180.7	615050
广 东 Guangdong	535.1	1.2	2091.1	173.6	86.9	1866222
广 西 Guangxi	240.7	5.3	3425.0	865.0	193.9	127358
海 南 Hainan	41.6		159.3	75.4	12.0	14977
重 庆 Chongqing			4109.0	1873.2	161.7	190759
四 川 Sichuan	103.6	0.0	12028.6	5134.2	526.8	353278
贵 州 Guizhou	137.6	8.5	8223.4	3546.9	323.5	185866
云 南 Yunnan	324.9	7.5	11636.9	2322.2	546.6	226293
西 藏 Tibet	5.4	1.0	898.5	193.2	94.3	28054
陕 西 Shaanxi	103.6	0.3	8624.4	3015.6	403.8	842123
甘 肃 Gansu	15.5	0.8	11505.1	3134.8	696.9	311206
青 海 Qinghai			1865.6	636.8	163.4	66429
宁 夏 Ningxia			2666.5	861.5	98.6	83898
新 疆 Xinjiang	21.7		2613.4	340.7	208.1	157660

6-11 各地区防沙治沙情况(2022年)
Desertification Control by Region (2022)

地 区	Region	沙化土地面积 (公顷) Area of Sandy Land (hectare)	沙化土地治理面积 (公顷) Area of Desertification Control (hectare)
全 国	**National Total**	**168782310**	**1586737**
北 京	Beijing	22299	
天 津	Tianjin	11639	
河 北	Hebei	2000941	190547
山 西	Shanxi	541012	20000
内蒙古	Inner Mongolia	39815296	424000
辽 宁	Liaoning	448768	17333
吉 林	Jilin	681037	10666
黑龙江	Heilongjiang	415487	6200
上 海	Shanghai		
江 苏	Jiangsu	110331	
浙 江	Zhejiang	31	
安 徽	Anhui	170110	7067
福 建	Fujian	28755	100
江 西	Jiangxi	29220	
山 东	Shandong	674988	11000
河 南	Henan	535408	3800
湖 北	Hubei	33080	
湖 南	Hunan	58386	
广 东	Guangdong	33945	487
广 西	Guangxi	137133	305
海 南	Hainan	43314	285
重 庆	Chongqing	518	
四 川	Sichuan	678137	33768
贵 州	Guizhou	209	
云 南	Yunnan	21023	
西 藏	Tibet	20961162	92012
陕 西	Shaanxi	1223285	62660
甘 肃	Gansu	12066017	162067
青 海	Qinghai	12355417	84973
宁 夏	Ningxia	1003222	75619
新 疆	Xinjiang	74682140	383848

七、自然灾害及突发事件

Natural Disasters & Environmental Accidents

7-1 全国自然灾害情况(2000-2022年)
Natural Disasters (2000-2022)

年份 Year	地质灾害 Geological Disasters 灾害起数(处) Number of Geological Disasters (unit)	人员伤亡(人) Casualties (person)	直接经济损失(万元) Direct Economic Loss (10 000 yuan)	地震灾害 Earthquake Disasters 灾害次数(次) Number of Earthquake Disasters (case)	人员伤亡(人) Casualties (person)	直接经济损失(亿元) Direct Economic Loss (100 million yuan)
2000	19653	27697	494201	10	2855	14.2
2001	5793	1675	348699	12		
2002	40246	2759	509740	5	362	1.3
2003	15489	1333	504325	21	7465	46.6
2004	13555	1407	408828	11	696	9.5
2005	17751	1223	357678	13	882	26.3
2006	102804	1227	431590	10	229	8.0
2007	25364	1123	247528	3	422	20.2
2008	26580	1598	326936	17	446293	8595.0
2009	10580	845	190109	8	407	27.4
2010	30670	3445	638509	12	13795	236.1
2011	15804	410	413151	18	540	602.1
2012	14675	636	625253	12	1279	82.9
2013	15374	929	1043568	14	15965	995.4
2014	10937	637	567027	20	3666	332.6
2015	8355	422	250528	14	1192	179.2
2016	10997	593	354290	16	104	66.9
2017	7521	523	359477	12	676	147.7
2018	2966	185	147128	11	85	30.3
2019	6181	299	276868	13	428	91.0
2020	7840	197	502027	5	35	20.5
2021	4761	129	320025	19	9	106.5
2022	5659	140	150281	27	122	224.6

注：自2019年起，地震灾害相关数据由应急管理部提供。自2021年起，地震灾害只统计死亡人数。

Note: Since 2019, the data of earthquake disasters is provided by Ministry of Emergency Management.Since 2021,earthquake disasters have only counted the number of deaths.

7-1 续表 continued

年 份 Year	海洋灾害 Marine Disasters			森林火灾 Forest Fires		
	发生次数（次）Number of Marine Disasters (case)	死亡、失踪人数（人）Deaths and Missing People (person)	直接经济损失（亿元）Direct Economic Loss (100 million yuan)	灾害次数（次）Number of Forest Fires (case)	人员伤亡（人）Casualties (person)	其他损失折款（万元）Economic Loss (10 000 yuan)
2000		79	120.8	5934	178	3069
2001		401	100.1	4933	58	7409
2002	126	124	65.9	7527	98	3610
2003	172	128	80.5	10463	142	37000
2004	155	140	54.2	13466	252	20213
2005	176	371	332.4	11542	152	15029
2006	180	492	218.5	8170	102	5375
2007	163	161	88.4	9260	94	12416
2008	128	152	206.1	14144	174	12594
2009	132	95	100.2	8859	110	14511
2010	113	137	132.8	7723	108	11611
2011	114	76	62.1	5550	91	20173
2012	138	68	155.0	3966	21	10802
2013	115	121	163.5	3929	55	6062
2014	100	24	136.1	3703	112	42513
2015	79	30	72.7	2936	26	6371
2016	123	60	46.5	2034	36	4136
2017	25	17	64.0	3223	46	4624
2018	28	73	47.8	2478	39	20445
2019	17	22	117.0	2345	76	16220
2020	15	6	8.3	1153	41	10078
2021	79	28	30.7	616	28	3324
2022	12	9	24.1	709	44	38846

7-2 各地区自然灾害损失情况(2022年)
Losses Caused by Natural Disasters by Region (2022)

单位：千公顷 (1 000 hectares)

地 区	Region	农作物受灾面积合计 Total		旱 灾 Drought	
		受灾 Area Affected	绝收 Total Crop Failure	受灾 Area Affected	绝收 Total Crop Failure
全 国	**National Total**	**12071.7**	**1351.8**	**6090.2**	**611.8**
北 京	Beijing	9.2	0.9		
天 津	Tianjin	4.7			
河 北	Hebei	135.3	19.6	28.1	5.5
山 西	Shanxi	372.2	22.9	113.4	3.6
内蒙古	Inner Mongolia	1394.9	160.9	543.4	50.7
辽 宁	Liaoning	797.4	149.6		
吉 林	Jilin	193.0	18.2		
黑龙江	Heilongjiang	97.4	28.9		
上 海	Shanghai	4.2	0.0		
江 苏	Jiangsu	79.0	4.7	71.8	4.6
浙 江	Zhejiang	105.1	8.5	54.1	6.0
安 徽	Anhui	390.4	16.0	364.8	14.5
福 建	Fujian	105.9	11.0	26.1	2.3
江 西	Jiangxi	1111.9	122.9	703.2	80.1
山 东	Shandong	45.5	1.2	1.6	
河 南	Henan	683.4	44.3	602.8	39.2
湖 北	Hubei	1174.6	112.2	964.6	94.5
湖 南	Hunan	1129.7	122.5	691.7	77.3
广 东	Guangdong	194.4	33.7		
广 西	Guangxi	376.0	33.1	113.4	7.9
海 南	Hainan	3.5	0.6		
重 庆	Chongqing	369.5	71.1	332.2	66.2
四 川	Sichuan	615.9	67.4	522.5	53.7
贵 州	Guizhou	420.4	47.1	265.7	26.8
云 南	Yunnan	810.6	110.4	169.3	26.0
西 藏	Tibet	7.9	1.3	3.0	0.2
陕 西	Shaanxi	553.3	89.7	281.0	44.1
甘 肃	Gansu	487.9	18.2	169.6	5.9
青 海	Qinghai	92.9	8.4	5.3	0.1
宁 夏	Ningxia	68.6	7.4	26.1	1.1
新 疆	Xinjiang	237.2	19.0	36.6	1.8

资料来源：应急管理部。
注：农作物受灾面积合计、受灾人口、死亡人口(含失踪)和直接经济损失含地震、森林、海洋等灾害。
Source: Ministry of Emergency Management.
Note: Total areas affected of farm crops, population affected, deaths (including missing) and direct economic loss include earthquake, forest disasters and marine disasters.

7-2 续表 1 continued 1

单位：千公顷 (1 000 hectares)

地　区	Region	洪涝、地质灾害和台风 Flood, Geophysical Disaster, Typhoon		风雹灾害 Wind and Hail	
		受灾 Area Affected	绝收 Total Crop Failure	受灾 Area Affected	绝收 Total Crop Failure
全　国	**National Total**	**3575.8**	**505.2**	**1527.6**	**175.1**
北　京	Beijing			9.2	0.9
天　津	Tianjin			4.7	
河　北	Hebei	25.3	1.9	50.2	9.4
山　西	Shanxi	142.4	13.8	101.5	5.3
内蒙古	Inner Mongolia	497.8	72.1	303.0	37.7
辽　宁	Liaoning	764.6	149.4	32.8	0.2
吉　林	Jilin	166.6	16.5	25.8	1.6
黑龙江	Heilongjiang	52.9	22.9	44.5	6.0
上　海	Shanghai	4.2	0.0		
江　苏	Jiangsu	3.1	0.0	4.0	0.1
浙　江	Zhejiang	51.0	2.5		
安　徽	Anhui	19.1	1.3		
福　建	Fujian	60.4	6.5	5.3	1.4
江　西	Jiangxi	295.5	38.8	34.1	1.6
山　东	Shandong	28.2	0.6	15.6	0.6
河　南	Henan	36.2	3.6	32.8	1.6
湖　北	Hubei	117.8	5.4	38.4	6.7
湖　南	Hunan	346.2	40.0	18.4	1.1
广　东	Guangdong	188.7	33.3	0.1	0.0
广　西	Guangxi	245.4	24.1	0.4	0.2
海　南	Hainan	3.5	0.6		
重　庆	Chongqing	27.0	3.9	9.4	0.9
四　川	Sichuan	54.9	9.1	25.3	3.6
贵　州	Guizhou	69.8	9.8	62.9	9.8
云　南	Yunnan	118.3	16.2	221.7	34.3
西　藏	Tibet	1.8	0.4	2.9	0.7
陕　西	Shaanxi	159.3	25.3	104.3	16.5
甘　肃	Gansu	59.7	4.7	105.2	5.9
青　海	Qinghai	13.5	1.4	64.5	6.8
宁　夏	Ningxia	17.8	0.5	20.1	5.2
新　疆	Xinjiang	4.8	0.4	190.8	16.9

7-2 续表 2 continued 2

地 区	Region	低温冷冻和雪灾(千公顷) Low-temperature, Freezing and Snow Disaster (1 000 hectares)		人口受灾 Population Affected		直接经济损失(亿元) Direct Economic Losses (100 million yuan)
		受灾 Area Affected	绝收 Total Crop Failure	受灾人口(万人次) Population Affected (10 000 person-times)	死亡人口(含失踪)(人) Deaths (including missing) (person)	
全 国	**National Total**	**870.8**	**59.3**	**11267.8**	**554**	**2386.5**
北 京	Beijing			9.2		6.4
天 津	Tianjin			0.5		0.3
河 北	Hebei	31.6	2.8	94.2	15	9.5
山 西	Shanxi	14.9	0.2	214.2	7	40.2
内蒙古	Inner Mongolia	50.7	0.4	256.4	17	117.3
辽 宁	Liaoning	0.0		294.7		128.8
吉 林	Jilin	0.5		80.9		16.0
黑龙江	Heilongjiang			18.1	9	6.1
上 海	Shanghai			42.9	1	0.7
江 苏	Jiangsu	0.2		45.2	5	16.6
浙 江	Zhejiang			203.7	6	54.0
安 徽	Anhui	6.5	0.2	263.3	3	20.2
福 建	Fujian	14.1	0.8	138.7	13	180.8
江 西	Jiangxi	79.1	2.5	1109.7	16	282.1
山 东	Shandong			31.5	4	12.8
河 南	Henan	11.6	0.0	799.9	3	46.0
湖 北	Hubei	53.8	5.7	1163.9	3	112.4
湖 南	Hunan	73.5	4.1	1183.7	23	199.2
广 东	Guangdong	5.7	0.4	408.7	20	182.9
广 西	Guangxi	16.8	0.8	713.9	25	168.9
海 南	Hainan			9.8	4	2.7
重 庆	Chongqing	0.9	0.1	372.3	11	48.4
四 川	Sichuan	11.0	0.6	1103.0	181	292.7
贵 州	Guizhou	22.0	0.8	592.9	16	81.8
云 南	Yunnan	301.4	33.8	1038.7	57	122.8
西 藏	Tibet	0.2	0.0	16.9	12	1.4
陕 西	Shaanxi	8.7	3.9	427.6	3	67.0
甘 肃	Gansu	153.4	1.6	483.0	15	85.0
青 海	Qinghai	9.6	0.1	85.2	69	51.6
宁 夏	Ningxia	4.6	0.7	28.6		6.6
新 疆	Xinjiang	0.1		36.5	16	25.2

7-3 地质灾害情况(2022年) Occurrence of Geological Disasters(2022)

地 区	Region	发生地质灾害起数(处) Geological Disasters (case)	#滑 坡 Land-slide	#崩 塌 Collapse	#泥石流 Mudslide	#地面塌陷 Sinkhole	人员伤亡(人) Casualties (person)	#死亡人数 Deaths	直接经济损失(万元) Direct Economic Losses (10 000 yuan)
全 国	**National Total**	**5659**	**3919**	**1366**	**202**	**153**	**140**	**90**	**150281**
北 京	Beijing	12		12					141
天 津	Tianjin								
河 北	Hebei	5		2		3			12
山 西	Shanxi	1	1						90
内蒙古	Inner Mongolia	2	2						4
辽 宁	Liaoning	4		1	2	1			23
吉 林	Jilin	56	1	44	10	1			170
黑龙江	Heilongjiang								
上 海	Shanghai								
江 苏	Jiangsu								
浙 江	Zhejiang	120	86	26	8		2	2	2303
安 徽	Anhui	54	13	39	1	1			260
福 建	Fujian	202	76	123	2	1	16	13	3435
江 西	Jiangxi	435	356	65	2	12	13	10	1777
山 东	Shandong	1		1					0
河 南	Henan	7	2	5					190
湖 北	Hubei	22	15	7			2	2	418
湖 南	Hunan	2884	2561	247	34	25	13	12	34164
广 东	Guangdong	352	203	133	8	7	11	7	16261
广 西	Guangxi	816	262	482	5	67	25	12	5366
海 南	Hainan	5	2	3					64
重 庆	Chongqing	128	61	37	4	26	8	3	4137
四 川	Sichuan	148	54	35	58	1	1		9262
贵 州	Guizhou	21	15	5	1		3	1	6212
云 南	Yunnan	95	66	13	13	3	24	12	10941
西 藏	Tibet	31	10	8	13		6	4	787
陕 西	Shaanxi	25	13	12			4	4	950
甘 肃	Gansu	65	53	9	3				9103
青 海	Qinghai	143	62	51	25	4	12	8	43541
宁 夏	Ningxia	3	2	1					93
新 疆	Xinjiang	22	3	5	13	1			578

资料来源：自然资源部。
Source: Ministry of Natural Resources.

7−4 地震灾害情况(2022年)
Earthquake Disasters (2022)

地 区	Region	5.0级以上地震次数(次) Number of Earthquakes Above 5.0 (case)	5.0−5.9级 5.0-5.9 Richter Scale	6.0−6.9级 6.0-6.9 Richter Scale	7.0级以上 Over 7.0 Richter Scale	死亡人数(人) Deaths (person)	直接经济损失(亿元) Direct Economic Losses (100 million yuan)
全 国	**National Total**	**27**	**22**	**5**		**122**	**224.56**
河 北	Hebei						0.02
内蒙古	Inner Mongolia						0.01
广 东	Guangdong						0.01
广 西	Guangxi						0.03
四 川	Sichuan	7	4	3		122	188.40
贵 州	Guizhou						0.02
云 南	Yunnan	2	2				3.37
西 藏	Tibet	1	1				0.13
甘 肃	Gansu	1	1				7.09
青 海	Qinghai	9	7	2			25.47
新 疆	Xinjiang	7	7				0.01

资料来源：应急管理部。
Source: Ministry of Emergency Management.

7−5 海洋灾害情况(2022年)
Marine Disasters (2022)

地 区	Region	发生次数(次) Occurance of Disasters (case)	死亡人数(人) Deaths People (person)	失踪人口(人) Missing People (person)	受损海堤、护岸 Damaged Seawall and Revetment		直接经济损失(万元) Direct Economic Losses (10 000 yuan)
					数量(处) Number (case)	长度(千米) Length (km)	
合 计	**Total**	**12**	**4**	**5**	**76**	**53**	**241154.72**
天 津	Tianjin						
河 北	Hebei						
辽 宁	Liaoning						
上 海	Shanghai	1					73.68
江 苏	Jiangsu	3		3	1	1	10661.10
浙 江	Zhejiang	2			23	3	28063.79
福 建	Fujian	4	4	2			1417.22
山 东	Shandong	3			6	33	119973.06
广 东	Guangdong	2			6	2	76482.53
广 西	Guangxi	3			40	13	4483.34
海 南	Hainan						

资料来源：自然资源部。
Source: Ministry of Natural Resources.

7-6 各地区森林火灾情况(2022年)
Forest Fires by Region(2022)

地 区	Region	森林火灾次数(次) Forest Fires (case)	一般火灾 Ordinary Fires	较大火灾 Major Fires	重大火灾 Severe Fires	特别重大火灾 Especially Severe Fires	火场总面积(公顷) Total Fire-affected Area (hectare)
全 国	**National Total**	**709**	**370**	**335**	**4**		**28285**
北 京	Beijing	3	2	1			27
天 津	Tianjin						
河 北	Hebei	1	1				26
山 西	Shanxi	3		3			149
内蒙古	Inner Mongolia	21	9	12			175
辽 宁	Liaoning	13	8	5			222
吉 林	Jilin						
黑龙江	Heilongjiang	26	24	2			100
上 海	Shanghai						
江 苏	Jiangsu						
浙 江	Zhejiang	20	5	15			557
安 徽	Anhui	8	8				9
福 建	Fujian	20	8	12			441
江 西	Jiangxi	90	38	52			3748
山 东	Shandong	8	4	4			463
河 南	Henan	12	11	1			25
湖 北	Hubei	49	33	16			444
湖 南	Hunan	173	86	86	1		8136
广 东	Guangdong	45	22	23			626
广 西	Guangxi	114	55	57	2		10543
海 南	Hainan	2	1	1			47
重 庆	Chongqing	32	17	15			241
四 川	Sichuan	16	5	11			481
贵 州	Guizhou	10	5	4	1		423
云 南	Yunnan	16	11	5			418
西 藏	Tibet	2	1	1			18
陕 西	Shaanxi	9	4	5			30
甘 肃	Gansu	5	3	2			45
青 海	Qinghai	1		1			1
宁 夏	Ningxia						
新 疆	Xinjiang	10	9	1			893

资料来源：应急管理部。
Source: Ministry of Emergency Management.

7-6 续表 continued

地 区	Region	受害森林面积（公顷）Destructed Forest Area (hectare)	公益林 Non-commercial Forest	商品林 Commercial Forest	伤亡人数（人）Casualties (person)	#死亡人数 Deaths	其他损失折款（万元）Economic Losses (10 000 yuan)
全 国	**National Total**	**6853.9**	**1843.1**	**5002.2**	**44**	**17**	**38845.6**
北 京	Beijing	27.0	27.0				9.1
天 津	Tianjin						
河 北	Hebei	0.8	0.8				9.9
山 西	Shanxi	60.2	60.2				
内蒙古	Inner Mongolia	93.5	84.2	9.3			72.1
辽 宁	Liaoning	141.4	87.4	54.0			70.3
吉 林	Jilin						
黑龙江	Heilongjiang	46.7	37.8	0.1			
上 海	Shanghai						
江 苏	Jiangsu						
浙 江	Zhejiang	205.9	72.3	133.6	2	2	33.9
安 徽	Anhui	1.9		1.9	1	1	
福 建	Fujian	268.1	82.4	185.7			126.4
江 西	Jiangxi	477.1	113.3	363.8	1	1	288.2
山 东	Shandong	76.0	76.0				411.9
河 南	Henan	8.7	1.6	7.1			10.7
湖 北	Hubei	134.4	69.0	65.3	1	1	36.8
湖 南	Hunan	1773.3	358.1	1415.2	35	8	1106.4
广 东	Guangdong	270.1	169.6	100.6	1	1	23618.7
广 西	Guangxi	2368.8	102.0	2266.9			11886.4
海 南	Hainan	9.7		9.7			8.8
重 庆	Chongqing	112.8	72.1	40.8	1	1	300.2
四 川	Sichuan	261.9	227.4	34.6			643.2
贵 州	Guizhou	320.2	47.5	272.7	2	2	30.9
云 南	Yunnan	114.5	73.4	41.1			23.7
西 藏	Tibet	12.3	12.5				
陕 西	Shaanxi	19.3	19.3				4.0
甘 肃	Gansu	34.6	34.6				12.5
青 海	Qinghai	1.3	1.3				5.4
宁 夏	Ningxia						
新 疆	Xinjiang	13.6	13.6				136.2

7-7 各地区林业有害生物防治情况(2022年)
Prevention of Forest Biological Disasters by Region (2022)

单位：公顷，% (hectare, %)

地 区	Region	合 计 Total 发生面积 Area of Occurrence	防治面积 Area of Prevention	防治率 Prevention Rate	林业病害 Forest Diseases 发生面积 Area of Occurrence	防治面积 Area of Prevention	防治率 Prevention Rate
全 国	**National Total**	**14279576**	**11682878**	**81.8**	**2629535**	**2050731**	**78.0**
北 京	Beijing	32631	32631	100.0	1688	1688	100.0
天 津	Tianjin	73792	73792	100.0	4076	4076	100.0
河 北	Hebei	629312	597947	95.0	21463	19934	92.9
山 西	Shanxi	249899	215035	86.0	13298	11197	84.2
内蒙古	Inner Mongolia	1018098	586290	57.6	174905	86174	49.3
辽 宁	Liaoning	629208	599746	95.3	33692	29610	87.9
吉 林	Jilin	285283	275750	96.7	17707	15731	88.8
黑龙江	Heilongjiang	406320	386709	95.2	29087	21502	73.9
上 海	Shanghai	10693	10671	99.8	1065	1065	100.0
江 苏	Jiangsu	131018	122616	93.6	12891	11897	92.3
浙 江	Zhejiang	792299	703982	88.9	372999	331363	88.8
安 徽	Anhui	497117	435976	87.7	111285	90234	81.1
福 建	Fujian	339734	329829	97.1	77403	77403	100.0
江 西	Jiangxi	732662	711667	97.1	266611	264941	99.4
山 东	Shandong	754304	683090	90.6	106144	79315	74.7
河 南	Henan	518168	467502	90.2	95571	86038	90.0
湖 北	Hubei	542906	316545	58.3	109419	17992	16.4
湖 南	Hunan	455009	188373	41.4	85896	14451	16.8
广 东	Guangdong	783787	747711	95.4	279547	279546	100.0
广 西	Guangxi	426726	150134	35.2	74970	44676	59.6
海 南	Hainan	34180	6323	18.5	8	8	100.0
重 庆	Chongqing	471464	471464	100.0	122979	122979	100.0
四 川	Sichuan	644941	511912	79.4	118810	89951	75.7
贵 州	Guizhou	183414	173800	94.8	24409	20329	83.3
云 南	Yunnan	383747	381040	99.3	59497	59193	99.5
西 藏	Tibet	229199	75943	33.1	65933	21846	33.1
陕 西	Shaanxi	413280	321005	77.7	88075	57003	64.7
甘 肃	Gansu	380266	281969	74.2	72777	54737	75.2
青 海	Qinghai	257900	202247	78.4	29299	22078	75.4
宁 夏	Ningxia	251249	123307	49.1	777	543	69.9
新 疆	Xinjiang	1573840	1461422	92.9	130964	107260	81.9
大兴安岭	Daxinganling	147130	36450	24.8	26290	5971	22.7

资料来源：国家林业和草原局。
Source: National Forestry and Grassland Administration.

7-7 续表 continued

单位：公顷，% (hectare, %)

地区 Region	林业虫害 Forest Pest Plague			林业鼠(兔)害 Forest Rat (Rabbit) Plague			林业有害植物 Forest Harmful Plants		
	发生面积 Area of Occurrence	防治面积 Area of Prevention	防治率 Prevention Rate	发生面积 Area of Occurrence	防治面积 Area of Prevention	防治率 Prevention Rate	发生面积 Area of Occurrence	防治面积 Area of Prevention	防治率 Prevention Rate
全　国 National Total	**7297390**	**6040117**	**82.8**	**1770143**	**1382091**	**78.1**	**173832**	**126922**	**73.0**
北　京 Beijing	28723	28723	100.0						
天　津 Tianjin	44329	44329	100.0						
河　北 Hebei	386083	368824	95.5	27564	21542	78.2			
山　西 Shanxi	150044	129891	86.6	59470	49905	83.9	1170	403	34.4
内蒙古 Inner Mongolia	663414	400720	60.4	170030	89858	52.8			
辽　宁 Liaoning	434480	412084	94.8	6616	5943	89.8			
吉　林 Jilin	224427	217124	96.7	42432	42431	100.0			
黑龙江 Heilongjiang	228923	211911	92.6	148310	153296	103.4			
上　海 Shanghai	9196	9181	99.8						
江　苏 Jiangsu	68708	62320	90.7				1117	1117	100.0
浙　江 Zhejiang	48350	43319	89.6						
安　徽 Anhui	261354	240153	91.9						
福　建 Fujian	189463	179558	94.8						
江　西 Jiangxi	219177	200606	91.5				35	18	51.4
山　东 Shandong	362176	349329	96.5						
河　南 Henan	365048	329645	90.3						
湖　北 Hubei	272325	240399	88.3	4348	4092	94.1	68593	53708	78.3
湖　南 Hunan	300166	172099	57.3						
广　东 Guangdong	124704	101016	81.0				43091	39865	92.5
广　西 Guangxi	274896	57590	20.9	270	258	95.6	15684	10095	64.4
海　南 Hainan	8487	4313	50.8				19248	1121	5.8
重　庆 Chongqing	218877	218877	100.0	12392	12392	100.0	1466	1466	100.0
四　川 Sichuan	442244	343825	77.7	30951	27444	88.7	103	103	100.0
贵　州 Guizhou	150065	144794	96.5	2419	2419	100.0	2372	2372	100.0
云　南 Yunnan	275598	273709	99.3	13645	13472	98.7	16301	16158	99.1
西　藏 Tibet	121273	40183	33.1	40527	13428	33.1	733	243	33.2
陕　西 Shaanxi	210055	179467	85.4	79562	67133	84.4	53	53	100.0
甘　肃 Gansu	171475	125670	73.3	136012	101562	74.7	2		
青　海 Qinghai	107661	82799	76.9	117169	97203	83.0	3771	167	4.4
宁　夏 Ningxia	78044	48151	61.7	172335	74580	43.3	93	33	35.5
新　疆 Xinjiang	833572	771291	92.5	609304	582871	95.7			
大兴安岭 Daxinganling	24053	8217	34.2	96787	22262	23.0			

7-8 各地区草原灾害情况(2022年)
Grassland Disasters by Region (2022)

单位：公顷，% (hectare, %)

地区	Region	草原有害生物合计 Total Biological Disasters in Grassland			草原鼠害 Rodent Plague in Grassland			草原虫害 Insect Plague in Grassland		
		发生面积 Area of Occurrence	防治面积 Area of Prevention	防治率 Prevention Rate	发生面积 Area of Occurrence	防治面积 Area of Prevention	防治率 Prevention Rate	发生面积 Area of Occurrence	防治面积 Area of Prevention	防治率 Prevention Rate
全　国	**National Total**	**48422135**	**13846331**	**28.6**	**35482810**	**9812440**	**27.7**	**7468173**	**3634533**	**48.7**
北　京	Beijing									
天　津	Tianjin									
河　北	Hebei	290133	285176	98.3	143600	142400	99.2	146533	142776	97.4
山　西	Shanxi	588009	295639	50.3	253453	90307	35.6	306489	195015	63.6
内蒙古	Inner Mongolia	7745427	4901255	63.3	4249089	3237373	76.2	2949664	1634738	55.4
辽　宁	Liaoning	293560	168420	57.4	101867	71333	70.0	130760	82667	63.2
吉　林	Jilin	53221	55554	104.4	26067	27067	103.8	26267	27600	105.1
黑龙江	Heilongjiang	81087	79520	98.1	22980	22807	99.2	58107	56713	97.6
上　海	Shanghai									
江　苏	Jiangsu									
浙　江	Zhejiang									
安　徽	Anhui									
福　建	Fujian									
江　西	Jiangxi									
山　东	Shandong									
河　南	Henan									
湖　北	Hubei									
湖　南	Hunan									
广　东	Guangdong									
广　西	Guangxi									
海　南	Hainan									
重　庆	Chongqing									
四　川	Sichuan	3297850	586200	17.8	1671993	404667	24.2	604853	181533	30.0
贵　州	Guizhou									
云　南	Yunnan	124291	123979	99.7	28180	28180	100.0	45843	45615	99.5
西　藏	Tibet	19070559	677419	3.6	16519927	273526	1.7	536568	259367	48.3
陕　西	Shaanxi	213747	174533	81.7	147807	123660	83.7	58933	47200	80.1
甘　肃	Gansu	3948666	933347	23.6	2652000	666147	25.1	797933	256667	32.2
青　海	Qinghai	11212065	3954000	35.3	9112247	3692993	40.5	1194131	227007	19.0
宁　夏	Ningxia	186360	721686	387.3	97733	682753	698.6	88627	38933	43.9
新　疆	Xinjiang	1317160	889603	67.5	455867	349227	76.6	523465	438702	83.8

资料来源：国家林业和草原局，应急管理部。
Source: National Forestry and Grassland Administration, Ministry of Emergency Management.

7-8 续表 continued

单位：公顷，%　　　　(hectare, %)

地区 Region	草原有害植物 Harmful Plants in Grassland 发生面积 Area of Occurrence	草原有害植物 Harmful Plants in Grassland 防治面积 Area of Prevention	草原有害植物 Harmful Plants in Grassland 防治率 Prevention Rate	草原病害 Diseases in Grassland 发生面积 Area of Occurrence	草原病害 Diseases in Grassland 防治面积 Area of Prevention	草原病害 Diseases in Grassland 防治率 Prevention Rate	草原火灾受害草原面积 Area Affected by Fire in Grassland
全　国 National Total	**5227647**	**390101**	**7.5**	**243505**	**9257**	**3.8**	**3183**
北　京 Beijing							
天　津 Tianjin							
河　北 Hebei							
山　西 Shanxi	21998	5250	23.9	6069	5067	83.5	
内蒙古 Inner Mongolia	465941	29144	6.3	80733			1601
辽　宁 Liaoning	59400	14367	24.2	1533		3.5	
吉　林 Jilin	887	887	100.0				
黑龙江 Heilongjiang							
上　海 Shanghai							
江　苏 Jiangsu							
浙　江 Zhejiang							
安　徽 Anhui							
福　建 Fujian							
江　西 Jiangxi							
山　东 Shandong							
河　南 Henan							
湖　北 Hubei							
湖　南 Hunan							
广　东 Guangdong							
广　西 Guangxi							
海　南 Hainan							
重　庆 Chongqing							
四　川 Sichuan	969104			51900			
贵　州 Guizhou							
云　南 Yunnan	48071	47987	99.8	2197	2197	100.0	
西　藏 Tibet	2014064	144526	7.2				
陕　西 Shaanxi	4667	3333	71.4	2340		14.5	12
甘　肃 Gansu	400000	8933	2.2	98733	1600	1.6	48
青　海 Qinghai	905687	34000	3.8				616
宁　夏 Ningxia							
新　疆 Xinjiang	337828	101674	30.1				906

7-9 各地区突发环境事件情况(2022年)
Environmental Emergencies by Region (2022)

单位：次 (case)

地 区	Region	突发环境事件次数 Number of Environmental Emergency Events	特别重大环境事件 Extraordinarily Serious Environmental Emergency Events	重大环境事件 Serious Environmental Emergency Events	较大环境事件 Comparatively Serious Environmental Emergency Events	一般环境事件 Ordinary Environmental Emergency Events
全 国	**National Total**	**113**		**2**		**111**
北 京	Beijing					
天 津	Tianjin					
河 北	Hebei					
山 西	Shanxi	15				15
内蒙古	Inner Mongolia					
辽 宁	Liaoning	1				1
吉 林	Jilin					
黑龙江	Heilongjiang					
上 海	Shanghai	1				1
江 苏	Jiangsu	6				6
浙 江	Zhejiang	3				3
安 徽	Anhui	3				3
福 建	Fujian	3				3
江 西	Jiangxi	4		1		3
山 东	Shandong	1				1
河 南	Henan	3				3
湖 北	Hubei	11				11
湖 南	Hunan	7				7
广 东	Guangdong	8				8
广 西	Guangxi	7				7
海 南	Hainan					
重 庆	Chongqing	3				3
四 川	Sichuan	5				5
贵 州	Guizhou	5		1		4
云 南	Yunnan	7				7
西 藏	Tibet					
陕 西	Shaanxi	6				6
甘 肃	Gansu	3				3
青 海	Qinghai	2				2
宁 夏	Ningxia	4				4
新 疆	Xinjiang	5				5

资料来源：生态环境部。
Source: Ministry of Ecology and Environment.

八、环境投资

Environmental Investment

8-1 全国环境污染治理投资情况(2001-2022年)
Investment in the Treatment of Environmental Pollution (2001-2022)

单位：亿元 (100 million yuan)

年 份 Year	环境污染治理投资总额 Total Investment in Treatment of Environmental Pollution	城镇环境基础设施建设投资 Investment in Urban Environment Infrastructure Facilities	燃气 Gas Supply	集中供热 Central Heating	排水 Sewerage Projects	园林绿化 Gardening and Greening	市容环境卫生 Sanitation
2001	1166.7	655.8	81.7	90.3	244.9	181.4	57.5
2002	1456.5	878.4	98.9	134.6	308.0	261.5	75.4
2003	1750.1	1194.8	147.4	164.3	419.8	352.4	110.9
2004	2057.5	1288.9	163.4	197.7	404.8	400.5	122.5
2005	2565.2	1466.9	164.3	250.0	431.5	456.3	164.8
2006	2779.5	1528.4	179.2	252.5	403.6	475.2	217.9
2007	3668.8	1749.0	187.0	272.4	517.1	601.6	171.0
2008	4937.0	2247.7	199.2	328.2	637.2	823.9	259.2
2009	5258.4	3245.1	219.2	441.5	1035.5	1137.6	411.2
2010	6670.3	4240.3	358.0	557.4	1172.7	1728.7	423.5
2011	7114.0	4557.2	444.1	593.3	971.6	1991.9	556.2
2012	8426.1	5235.2	551.8	798.1	934.1	2380.1	571.1
2013	9037.2	5223.0	607.9	819.5	1055.0	2234.9	505.7
2014	9575.5	5463.9	574.0	763.0	1196.1	2338.5	592.2
2015	8806.4	4946.8	463.1	687.8	1248.5	2075.4	472.0
2016	9219.8	5412.0	532.0	662.5	1485.5	2170.9	561.1
2017	9539.0	6085.7	566.7	778.3	1727.5	2390.2	623.0
2018	8911.5	5893.2	398.6	578.6	1897.5	2413.4	605.1
2019	9258.5	5786.6	378.9	466.7	1929.0	2327.3	684.6
2020	9690.0	6842.2	318.3	523.6	2675.7	2194.5	1130.0
2021	9491.8	6578.3	305.2	558.3	2714.7	2003.1	997.0
2022	9013.5	5972.0	370.5	517.1	2676.8	1700.2	707.5

8-1 续表 continued

单位：亿元 (100 million yuan)

年 份 Year	老工业污染防治投资 Investment in Treatment of Industrial Pollution Sources	治理废水 Treatment of Waste Water	治理废气 Treatment of Waste Gas	治理固体废物 Treatment of Solid Waste	治理噪声 Treatment of Noise Pollution	治理其他 Treatment of Other Pollution	当年完成环保验收工业项目环保投资 Environmental Protection Investment in the Environmental Protection Acceptance Projects of Industry Yearly	环境污染治理投资占GDP比重(%) Investment in Anti-pollution Projects as Percentage of GDP (%)
2001	174.5	72.9	65.8	18.7	0.6	16.5	336.4	1.05
2002	188.4	71.5	69.8	16.1	1.0	29.9	389.7	1.20
2003	221.8	87.4	92.1	16.2	1.0	25.1	333.5	1.27
2004	308.1	105.6	142.8	22.6	1.3	35.7	460.5	1.27
2005	458.2	133.7	213.0	27.4	3.1	81.0	640.1	1.37
2006	483.9	151.1	233.3	18.3	3.0	78.3	767.2	1.27
2007	552.4	196.1	275.3	18.3	1.8	60.7	1367.4	1.36
2008	542.6	194.6	265.7	19.7	2.8	59.8	2146.7	1.55
2009	442.6	149.5	232.5	21.9	1.4	37.4	1570.7	1.51
2010	397.0	129.6	188.2	14.3	1.4	62.0	2033.0	1.62
2011	444.4	157.7	211.7	31.4	2.2	41.4	2112.4	1.46
2012	500.5	140.3	257.7	24.7	1.2	76.5	2690.4	1.56
2013	849.7	124.9	640.9	14.0	1.8	68.1	2964.5	1.52
2014	997.7	115.2	789.4	15.1	1.1	76.9	3113.9	1.49
2015	773.7	118.4	521.8	16.1	2.8	114.5	3085.8	1.28
2016	819.0	108.2	561.5	38.9	0.6	109.7	2988.8	1.24
2017	681.5	76.4	446.3	12.7	1.3	144.9	2771.7	1.15
2018	621.3	64.0	393.1	18.4	1.5	144.2	2397.0	0.97
2019	615.2	69.9	367.7	17.1	1.4	159.1	2750.1	0.94
2020	454.3	57.4	242.4	17.3	0.7	136.5	3342.5	0.96
2021	335.2	36.1	222.1	7.9	0.5	68.5	2578.3	0.83
2022	285.7	37.7	198.4	12.6	0.4	36.6	2755.8	0.75

8-2 各地区城镇环境基础设施建设投资情况(2022年)
Investment in Urban Environmental Infrastructure by Region (2022)

单位：万元 (10 000 yuan)

地 区	Region	投资总额 Total Investment	燃气 Gas Supply	集中供热 Central Heating	排水 Sewerage Projects	园林绿化 Gardening and Greening	市容环境卫生 Sanitation
全 国	**National Total**	**59720096**	**3705109**	**5170758**	**26768035**	**17001551**	**7074643**
北 京	Beijing	2102139	133714	272665	589126	886889	219745
天 津	Tianjin	431324	61425	64774	172831	87110	45184
河 北	Hebei	4348887	126699	718968	1532616	1193719	776885
山 西	Shanxi	1915690	121296	813788	524438	328428	127740
内蒙古	Inner Mongolia	1064205	74253	363623	303293	224301	98735
辽 宁	Liaoning	803336	196736	199492	171849	46474	188785
吉 林	Jilin	650899	74398	91793	303805	168453	12450
黑龙江	Heilongjiang	918188	125763	252047	411118	74956	54304
上 海	Shanghai	1285980	81492		699266	443304	61918
江 苏	Jiangsu	4494340	335883	24160	2344367	1513761	276169
浙 江	Zhejiang	2920527	133447	9736	1191624	1367856	217864
安 徽	Anhui	3338553	270248	45994	1767768	808923	445620
福 建	Fujian	1546462	114075		767319	428846	236222
江 西	Jiangxi	2371807	124041	200	1074073	886105	287388
山 东	Shandong	5006220	308966	833277	2294020	1289097	280860
河 南	Henan	4179505	106480	300590	1228887	1883480	660068
湖 北	Hubei	2611841	151408	51087	1210247	717572	481527
湖 南	Hunan	1401902	138443	4300	960209	160841	138109
广 东	Guangdong	2667768	287478		1789034	169837	421419
广 西	Guangxi	940362	46606		510272	215868	167616
海 南	Hainan	273339	3978		142978	119416	6967
重 庆	Chongqing	2013705	37322		677251	1121690	177442
四 川	Sichuan	5270269	247876	31578	2749688	1468460	772667
贵 州	Guizhou	1100422	153789	4444	609869	60129	272191
云 南	Yunnan	1405456	53806		991977	267406	92267
西 藏	Tibet	71048	1600	24236	29989	2406	12817
陕 西	Shaanxi	2245542	131474	266936	983259	618623	245250
甘 肃	Gansu	1042426	25445	359103	350189	196921	110768
青 海	Qinghai	173914	4936	42010	94387	17900	14681
宁 夏	Ningxia	191619	3048	44142	88217	27146	29066
新 疆	Xinjiang	932421	28984	351815	204069	205634	141919

资料来源：住房和城乡建设部。
Source: Ministry of Housing and Urban-Rural Development.

8-3 各地区老工业污染治理投资完成情况(2022年)
Completed Investment in Treatment of Industrial Pollution by Region (2022)

单位：万元 (10 000 yuan)

地 区	Region	老工业企业污染防治本年完成投资 Investment Completed in Pollution Treatment Projects	治理废水 Treatment of Waste Water	治理废气 Treatment of Waste Gas	治理固体废物 Treatment of Solid Waste	治理噪声 Treatment of Noise Pollution	治理其他 Treatment of Other Pollution
全 国	**National Total**	**2857077**	**377220**	**1984251**	**125754**	**4213**	**365640**
北 京	Beijing	3144	226	2818		100	
天 津	Tianjin	51454	883	47747			2825
河 北	Hebei	170349	6305	156243	90	2	7708
山 西	Shanxi	43484	8045	27340	1894	335	5869
内蒙古	Inner Mongolia	110308	27177	46039	9536		27556
辽 宁	Liaoning	46202	13323	27286	1715	644	3233
吉 林	Jilin	12582	1700	3894			6988
黑龙江	Heilongjiang	39899	112	33929	1558	256	4044
上 海	Shanghai	274105	3292	251839	17918	28	1028
江 苏	Jiangsu	73382	25570	44557	2482	15	758
浙 江	Zhejiang	277471	120680	87619	12121	165	56886
安 徽	Anhui	106926	4450	73666	1984		26826
福 建	Fujian	120137	10003	92633		508	16993
江 西	Jiangxi	72560	5306	59224	132	32	7867
山 东	Shandong	291917	59992	175101	7675	24	49126
河 南	Henan	39216	8615	26164	2996		1441
湖 北	Hubei	252048	24314	214633	116	66	12919
湖 南	Hunan	44320	1015	35085	78	180	7962
广 东	Guangdong	158869	14903	84524	385	147	58909
广 西	Guangxi	22841	132	22456			253
海 南	Hainan	7599	730	5775	3		1092
重 庆	Chongqing	55782	413	55314	30		25
四 川	Sichuan	42088	2681	28801			10606
贵 州	Guizhou	203864	10584	165978	17086	1578	8639
云 南	Yunnan	90229	8949	53549	1550	132	26049
西 藏	Tibet						
陕 西	Shaanxi	18380	4812	11438	1000		1130
甘 肃	Gansu	107870	10458	51899	44932		581
青 海	Qinghai	1986	1177	341	140		328
宁 夏	Ningxia	41201	899	24414	114		15775
新 疆	Xinjiang	76865	475	73947	220		2223

资料来源：生态环境部。
Source: Ministry of Ecology and Environment.

8-4 各地区林业草原投资完成情况(2022年)
Completed Investment for Forestry and Grassland by Region(2022)

单位：万元 (10 000 yuan)

地 区	Region	本年林业草原投资完成额（万元） Investment in Forestry and Grassland Yearly (10000 yuan)	造林 Afforestation	森林经营 Forest Management	草原保护修复 Grassland Protection and Restoration	湿地保护修复 Wetland Protection and Restoration
全 国	**National Total**	**36616472**	**7494975**	**6267914**	**976331**	**477386**
北 京	Beijing	1178884	456698	311457		1918
天 津	Tianjin	63945	39854	19292		1417
河 北	Hebei	945254	424798	139635	22442	25003
山 西	Shanxi	972375	445023	75349	17411	2201
内蒙古	Inner Mongolia	1579871	225269	279810	85647	11427
辽 宁	Liaoning	355290	74919	24277	9961	3339
吉 林	Jilin	840350	85751	89257	9914	6070
黑龙江	Heilongjiang	1858599	79253	221323	9102	13988
上 海	Shanghai	104200	31835	48833		6373
江 苏	Jiangsu	328499	158811	52687	15	17480
浙 江	Zhejiang	718221	251609	48212		16732
安 徽	Anhui	700701	149170	222090	17832	14183
福 建	Fujian	827534	245466	178434	20861	32171
江 西	Jiangxi	1143015	275920	232724		16533
山 东	Shandong	621655	104419	46608	1098	35514
河 南	Henan	716659	403272	48783	1872	12811
湖 北	Hubei	1210261	252215	275330	128203	37403
湖 南	Hunan	1608820	289389	395129	24319	16248
广 东	Guangdong	1116216	226945	123703		38529
广 西	Guangxi	6656842	745013	1268916	23348	20518
海 南	Hainan	156601	5435	5497		18949
重 庆	Chongqing	811831	190922	96923		11897
四 川	Sichuan	2354117	257234	117072	81916	19456
贵 州	Guizhou	2892679	345802	1401798	63026	11723
云 南	Yunnan	1329168	248425	176309	95251	6879
西 藏	Tibet	290159	54718	2004	47690	17866
陕 西	Shaanxi	961330	287418	78467	15651	5649
甘 肃	Gansu	1509987	674039	48559	56257	12084
青 海	Qinghai	684556	123302	28343	155695	23808
宁 夏	Ningxia	392794	184526	32944	12422	9854
新 疆	Xinjiang	738108	117182	127284	74666	5834
局直属单位	Units under the Bureau	947950	40345	50866	1733	3529
大兴安岭	Daxinganling	395344	13890	40400		725

资料来源：国家林业和草原局。
Source: National Forestry and Grassland Administration.

8–4 续表 continued

单位：万元 (10 000 yuan)

地 区	Region	荒漠化治理 Desertification Control	林草有害生物防治 Prevention of Harmful Organisms in Forest and Grass	林草防火 Forest and Grass Fire Prevention	自然保护地管理和监测 Nature Reserve Management and Monitoring	生物多样性保护 Biodiversity Conservation	其他 Others
全 国	**National Total**	**281620**	**601344**	**741041**	**598051**	**324767**	**18853045**
北 京	Beijing	94	11636	29683	2612	13567	351219
天 津	Tianjin		1622	462	120	123	1056
河 北	Hebei		15480	25520	8677	1679	282019
山 西	Shanxi	23	3663	48507	5211	1534	373453
内蒙古	Inner Mongolia	6139	16209	22650	21380	5287	906052
辽 宁	Liaoning	620	16688	9556	10912	1875	203143
吉 林	Jilin	1502	4979	18768	2465	9899	611745
黑龙江	Heilongjiang		8319	38134	11601	3007	1473872
上 海	Shanghai		4606	498	329	1143	10584
江 苏	Jiangsu		11264	13783	1615	1414	71430
浙 江	Zhejiang		75281	18795	27174	12996	267425
安 徽	Anhui		43496	15464	7935	21243	209289
福 建	Fujian		23236	10898	23446	21944	271076
江 西	Jiangxi		39639	22243	12989	8135	534831
山 东	Shandong	84	51200	59069	2818	14600	306245
河 南	Henan		8590	12992	5170	3096	220074
湖 北	Hubei	8105	28746	19156	20958	41273	398873
湖 南	Hunan	45489	28237	26414	12582	37732	733281
广 东	Guangdong	32	42377	43069	62126	23228	556208
广 西	Guangxi	51736	30243	29403	111991	7092	4368582
海 南	Hainan		2607	1192	42315	660	79945
重 庆	Chongqing	392	28353	33050	12713	4786	432795
四 川	Sichuan	10410	24211	79946	51425	11594	1700853
贵 州	Guizhou	80594	8214	15848	10643	2953	952079
云 南	Yunnan	15082	6359	59338	27688	30929	662909
西 藏	Tibet	3231	1648	7465	19161	1093	135283
陕 西	Shaanxi	102	15388	7048	10655	9629	531325
甘 肃	Gansu	9581	8355	15174	36556	4494	644890
青 海	Qinghai	27063	11362	11295	8187	12338	283163
宁 夏	Ningxia	14131	1929	6413	3648	2188	124739
新 疆	Xinjiang	3939	18429	12163	4415	3227	370970
局直属单位	Units under the Bureau	3271	8978	27045	18535	10010	783636
大兴安岭	Daxinganling		593	23914	1779	70	313973

资料来源：国家林业和草原局。
Source: National Forestry and Grassland Administration.

九、城市环境

Urban Environment

9-1 全国城市环境情况(2000-2022年)
Urban Environment (2000-2022)

年 份 Year	城区面积 (万平方公里) Urban Area (10 000 sq.km)	人均日生活用水量 (升) Per Capita Daily Water Consumption for Daily Use (liter)	城市供水普及率 (%) Water Coverage Rate (%)	城市污水排放量 (亿立方米) Waste Water Discharged (100 million cu.m)	城市污水处理率 (%) Waste Water Treatment Rate (%)
2000	87.8	220.2	63.9	331.8	34.3
2001	60.8	216.0	72.3	328.6	36.4
2002	46.7	213.0	77.9	337.6	40.0
2003	39.9	210.9	86.2	349.2	42.1
2004	39.5	210.8	88.9	356.5	45.7
2005	41.3	204.1	91.1	359.5	52.0
2006	16.7	188.3	86.1	362.5	55.7
2007	17.6	178.4	93.8	361.0	62.9
2008	17.8	178.2	94.7	364.9	70.2
2009	17.5	176.6	96.1	371.2	75.3
2010	17.9	171.4	96.7	378.7	82.3
2011	18.4	170.9	97.0	403.7	83.6
2012	18.3	171.8	97.2	416.8	87.3
2013	18.3	173.5	97.6	427.5	89.3
2014	18.4	173.7	97.6	445.3	90.2
2015	19.2	174.5	98.1	466.6	91.9
2016	19.8	176.9	98.4	480.3	93.4
2017	19.8	178.9	98.3	492.4	94.5
2018	20.1	179.7	98.4	521.1	95.5
2019	20.1	180.0	98.8	554.6	96.8
2020	18.7	179.4	99.0	571.4	97.5
2021	18.8	185.0	99.4	625.1	97.9
2022	19.1	184.7	99.4	639.0	98.1

注：1.2006年起住房和城乡建设部《城市建设统计制度》修订，统计范围、口径及部分指标计算方法都有所调整，故不能与2005年直接比较。
2.2020—2022年城区面积不含北京市。

Note: a) Urban Construction Statistical System had been amended by Ministry of Housing and Urban-Rural Development in 2006. Scope, caliber and calculated method of some indicators are adjusted,so it can not be directly compared with data of 2005.
b) Urban Area does not include that in Beijing in 2020-2022.

9-1 续表 continued

年 份 Year	城市燃气普及率 (%) Gas Coverage Rate (%)	城市生活垃圾清运量 (万吨) Volume of Domestic Garbage Collected and Transported (10 000 tons)	城市生活垃圾无害化处理率 (%) Rate of Domestic Garbage Harmless Treatment (%)	集中供热面积 (万平方米) Heated Area (10 000 sq.m)	建成区绿化覆盖率 (%) Green Coverage Rate of Built District (%)	人均公园绿地面积 (平方米) Public Recreational Green Space per Capita (sq.m)
2000	45.4	11819		110766	28.2	3.7
2001	59.7	13470	58.2	146329	28.4	4.6
2002	67.2	13650	54.2	155567	29.8	5.4
2003	76.7	14857	50.8	188956	31.2	6.5
2004	81.5	15509	52.1	216266	31.7	7.4
2005	82.1	15577	51.7	252056	32.5	7.9
2006	79.1	14841	52.2	265853	35.1	8.3
2007	87.4	15215	62.0	300591	35.3	9.0
2008	89.6	15438	66.8	348948	37.4	9.7
2009	91.4	15734	71.4	379574	38.2	10.7
2010	92.0	15805	77.9	435668	38.6	11.2
2011	92.4	16395	79.7	473784	39.2	11.8
2012	93.2	17081	84.8	518368	39.6	12.3
2013	94.3	17239	89.3	571677	39.7	12.6
2014	94.6	17860	91.8	611246	40.2	13.1
2015	95.3	19142	94.1	672205	40.1	13.3
2016	95.8	20362	96.6	738663	40.3	13.7
2017	96.3	21521	97.7	830858	40.9	14.0
2018	96.7	22802	99.0	878050	41.1	14.1
2019	97.3	24206	99.2	925137	41.5	14.4
2020	97.9	23512	99.7	988209	42.1	14.8
2021	98.0	24869	99.9	1060316	42.4	14.9
2022	98.1	24445	99.9	1112500	43.0	15.3

9-2 主要城市空气质量情况（2022年）
Ambient Air Quality by Main City (2022)

城 市	City	二氧化硫年平均浓度（微克/立方米）Annual Average Concentration of SO_2 (μg/m³)	二氧化氮年平均浓度（微克/立方米）Annual Average Concentration of NO_2 (μg/m³)	可吸入颗粒物(PM_{10})年平均浓度（微克/立方米）Annual Average Concentration of PM_{10} (μg/m³)	一氧化碳日均值第95百分位浓度(毫克/立方米) 95th Percentile Daily Average Concentration of CO (mg/m³)	臭氧(O_3)最大8小时第90百分位浓度(微克/立方米) 90th Percentile Daily Maximum 8 Hours Average Concentration of O_3(μg/m³)	细颗粒物($PM_{2.5}$)年平均浓度（微克/立方米）Annual Average Concentration of $PM_{2.5}$ (μg/m³)	空气质量达到及好于二级的天数（天）Days of Air Quality Equal to or Above Grade II (day)
北　京	Beijing	3	23	54	1.0	171	30	286
天　津	Tianjin	9	32	65	1.2	176	37	267
石家庄	Shijiazhuang	8	33	81	1.3	189	46	234
太　原	Taiyuan	12	40	83	1.4	175	44	241
呼和浩特	Hohhot	10	29	50	1.1	146	24	329
沈　阳	Shenyang	14	30	56	1.4	145	32	320
长　春	Changchun	9	26	48	1.0	124	28	336
哈尔滨	Harbin	14	27	57	1.2	116	37	310
上　海	Shanghai	6	27	39	0.9	164	25	318
南　京	Nanjing	5	27	51	0.9	170	28	291
杭　州	Hangzhou	6	32	52	0.9	170	30	304
合　肥	Hefei	8	31	63	1.0	152	32	314
福　州	Fuzhou	4	16	32	0.7	142	18	356
南　昌	Nanchang	8	24	56	1.1	156	30	313
济　南	Jinan	11	31	71	1.2	182	37	239
郑　州	Zhengzhou	8	27	77	1.3	178	45	222
武　汉	Wuhan	9	34	55	1.2	162	35	294
长　沙	Changsha	6	24	50	1.0	160	38	302
广　州	Guangzhou	6	29	39	1.0	179	22	306
南　宁	Nanning	8	23	42	1.0	136	26	353
海　口	Haikou	4	9	26	0.8	125	13	355
重　庆	Chongqing	10	29	48	1.0	144	31	332
成　都	Chengdu	4	30	58	0.9	181	39	282
贵　阳	Guiyang	7	16	35	0.8	113	21	365
昆　明	Kunming	8	20	33	0.7	126	20	365
拉　萨	Lhasa	8	12	18	0.7	131	8	364
西　安	Xi'an	7	38	85	1.4	176	51	190
兰　州	Lanzhou	15	38	68	1.7	149	33	301
西　宁	Xining	17	28	56	1.7	140	30	338
银　川	Yinchuan	14	31	66	1.5	149	31	306
乌鲁木齐	Urumqi	7	31	71	1.8	135	41	285

资料来源：生态环境部。
Source: Ministry of Ecology and Environment.

9-3 各地区城市市政设施情况(2022年)
Urban Municipal Facilities by Region (2022)

地 区	Region	道路长度(公里) Length of Roads (km)	道路面积(万平方米) Area of Roads (10 000 sq.m)	桥梁(座) Number of Bridges (unit)	#立交桥 Inter-section Bridges	道路照明灯(千盏) Number of Road Lamps (1 000 units)	排水管道长度(公里) Length of Drainage Pipes (km)	#污水管道 Sewers
全 国	**National Total**	**552163**	**1089330**	**86260**	**6334**	**33524.9**	**913508**	**420646**
北 京	Beijing	8681	15375	2401	461	317.4	20137	9248
天 津	Tianjin	9669	18687	1312	181	434.6	23910	11134
河 北	Hebei	19753	42488	2491	307	1124.6	23531	11443
山 西	Shanxi	10191	23955	1451	209	556.8	14644	6647
内蒙古	Inner Mongolia	11311	22990	546	67	658.0	15457	8228
辽 宁	Liaoning	24900	45381	2066	229	1387.8	25589	7207
吉 林	Jilin	11538	20579	1025	121	622.7	14137	5772
黑龙江	Heilongjiang	14388	22897	1214	274	793.8	13120	3723
上 海	Shanghai	5988	12375	3098	50	709.1	22289	9464
江 苏	Jiangsu	54234	95086	14521	411	3923.9	94107	47223
浙 江	Zhejiang	32946	63786	14247	214	1982.6	64373	33319
安 徽	Anhui	20372	48037	2414	336	1262.9	37867	16922
福 建	Fujian	16812	33167	2657	118	1049.8	23723	11327
江 西	Jiangxi	14797	31552	1276	100	1024.4	23120	10254
山 东	Shandong	53808	109957	6134	242	2268.6	74568	33291
河 南	Henan	19532	48220	1973	222	1160.4	34497	15144
湖 北	Hubei	23970	47876	2564	230	1054.0	39303	15130
湖 南	Hunan	18907	39463	1454	134	958.1	26431	9943
广 东	Guangdong	58666	99182	9350	921	3849.6	140221	70053
广 西	Guangxi	15822	32557	1402	184	817.8	22537	8121
海 南	Hainan	5236	8422	249	11	179.9	7611	3253
重 庆	Chongqing	12531	26922	2754	366	921.5	25504	12368
四 川	Sichuan	29333	58437	4158	388	2133.4	49484	23222
贵 州	Guizhou	14084	24325	1148	84	859.2	15035	7946
云 南	Yunnan	9417	18751	1436	94	815.0	19461	9261
西 藏	Tibet	1126	2113	65	1	35.1	999	377
陕 西	Shaanxi	11032	26027	916	178	788.4	14757	6794
甘 肃	Gansu	7213	15177	715	93	461.5	8980	4688
青 海	Qinghai	1671	4184	239	4	152.8	3778	2053
宁 夏	Ningxia	3010	8290	226	8	276.6	2454	624
新 疆	Xinjiang	11226	23072	758	96	944.8	11887	6467

资料来源：住房和城乡建设部(以下各表同)。
Source: Ministry of Housing and Urban-Rural Development(the same as in the following tables).

9-4 各地区城市供水和用水情况(2022年)
Urban Water Supply and Use by Region (2022)

单位：万立方米 (10 000 cu.m)

地 区	Region	供水总量 Total Water Supply	生产运营用水 Production and Operation	公共服务用水 Public Service	居民家庭用水 Household Use	其他用水 Other
全 国	**National Total**	**6744063**	**1679462**	**981164**	**2793443**	**308572**
北 京	Beijing	149876	11735	45389	68348	2850
天 津	Tianjin	102042	34873	13446	38553	373
河 北	Hebei	156165	40201	21604	68438	4045
山 西	Shanxi	91584	16995	15149	47767	2853
内蒙古	Inner Mongolia	82148	22677	12448	28159	5251
辽 宁	Liaoning	277005	75896	37710	91781	8353
吉 林	Jilin	102364	23628	15114	36261	3014
黑龙江	Heilongjiang	129185	31643	18010	45230	8041
上 海	Shanghai	292327	42018	68404	118696	9753
江 苏	Jiangsu	643682	223839	72311	212710	53499
浙 江	Zhejiang	474878	158823	66233	188993	10776
安 徽	Anhui	261031	80573	36161	102099	9454
福 建	Fujian	198962	31984	38526	87599	10886
江 西	Jiangxi	161382	30533	23084	74521	6281
山 东	Shandong	399553	154652	49977	141171	13535
河 南	Henan	234881	50559	32390	112175	8588
湖 北	Hubei	340857	91045	26750	150330	9589
湖 南	Hunan	248660	44224	37690	112473	12687
广 东	Guangdong	1010916	251151	164766	415373	44845
广 西	Guangxi	200675	35847	30650	102385	2826
海 南	Hainan	50048	3603	5750	29120	4860
重 庆	Chongqing	183613	38598	25701	79155	12317
四 川	Sichuan	339871	50795	51103	169278	18810
贵 州	Guizhou	95932	17676	7524	50256	2478
云 南	Yunnan	112539	17748	17868	54538	3697
西 藏	Tibet	14371	1450	1912	6489	713
陕 西	Shaanxi	140285	36269	9576	74157	4713
甘 肃	Gansu	58844	15397	8653	25733	4234
青 海	Qinghai	32280	13287	3467	9885	2251
宁 夏	Ningxia	38321	9131	7600	10318	5902
新 疆	Xinjiang	119788	22614	16200	41452	21098

9-4 续表 continued

地 区	Region	用水人口（万人）Population with Access to Water Supply (10 000 persons)	人均日生活用水量（升）Per Capita Daily Water Consumption for Daily Use (liter)	供水普及率（%）Water Coverage Rate (%)
全 国	**National Total**	**56141.8**	**184.7**	**99.4**
北 京	Beijing	1909.2	163.2	99.8
天 津	Tianjin	1160.1	122.8	100.0
河 北	Hebei	2004.4	123.3	100.0
山 西	Shanxi	1262.9	136.5	98.7
内蒙古	Inner Mongolia	932.9	119.3	99.7
辽 宁	Liaoning	2318.7	155.8	99.0
吉 林	Jilin	1157.1	121.8	96.5
黑龙江	Heilongjiang	1364.4	127.3	99.1
上 海	Shanghai	2475.9	207.0	100.0
江 苏	Jiangsu	3706.3	211.5	100.0
浙 江	Zhejiang	3254.2	215.0	100.0
安 徽	Anhui	1950.7	194.3	99.8
福 建	Fujian	1510.2	228.9	100.0
江 西	Jiangxi	1209.6	222.5	99.4
山 东	Shandong	4153.5	126.2	99.9
河 南	Henan	2839.9	139.9	99.3
湖 北	Hubei	2432.3	199.9	99.9
湖 南	Hunan	1919.7	217.1	99.0
广 东	Guangdong	6586.6	241.5	99.7
广 西	Guangxi	1332.9	273.7	99.9
海 南	Hainan	333.1	287.0	100.0
重 庆	Chongqing	1594.4	180.8	98.6
四 川	Sichuan	3106.0	195.3	97.2
贵 州	Guizhou	901.3	175.8	98.9
云 南	Yunnan	1067.1	186.6	99.0
西 藏	Tibet	95.6	245.7	99.7
陕 西	Shaanxi	1412.1	162.5	98.3
甘 肃	Gansu	680.0	138.9	99.5
青 海	Qinghai	212.8	174.9	99.6
宁 夏	Ningxia	296.1	165.8	100.0
新 疆	Xinjiang	961.9	164.4	99.5

9-5 各地区城市节约用水情况(2022年)
Urban Water Saving by Region (2022)

地 区	Region	计划用水户实际用水量(万立方米) Actual Quantity of Water Used (10 000 cu.m)					
		合 计 Total	#工业 Industry	新水取用量 Water Used	#工业 Industry	重复利用量 Water Reused	#工业 Industry
全 国	**National Total**	**15221173**	**12829221**	**2943120**	**1217595**	**12278053**	**11611625**
北 京	Beijing	751355	530050	234301	17389	517055	512661
天 津	Tianjin	1168379	1154427	41827	27892	1126552	1126535
河 北	Hebei	261714	240100	34911	15471	226802	224629
山 西	Shanxi	459275	397416	82807	24879	376468	372537
内蒙古	Inner Mongolia	221418	201871	40905	21844	180513	180027
辽 宁	Liaoning	648154	591539	74433	35067	573720	556473
吉 林	Jilin	155674	109385	94296	48271	61378	61113
黑龙江	Heilongjiang	358448	242876	181547	66139	176901	176737
上 海	Shanghai	99980	39161	99980	39161		
江 苏	Jiangsu	2585732	2067238	347252	191856	2238480	1875382
浙 江	Zhejiang	995569	861792	197478	121723	798091	740069
安 徽	Anhui	740724	704689	92048	58144	648677	646545
福 建	Fujian	221672	180962	61350	24380	160323	156582
江 西	Jiangxi	66636	33528	45923	20283	20713	13244
山 东	Shandong	1603793	1358983	230187	115237	1373606	1243746
河 南	Henan	729247	687357	74032	39106	655215	648251
湖 北	Hubei	841424	777075	97977	58150	743447	718924
湖 南	Hunan	166696	136197	54297	26267	112400	109930
广 东	Guangdong	1550682	1244506	427872	132314	1122810	1112193
广 西	Guangxi	460173	397135	76614	18059	383560	379076
海 南	Hainan	57176	2881	57084	2880	92	1
重 庆	Chongqing	46106	32342	24380	11939	21726	20403
四 川	Sichuan	242683	187346	80725	40331	161958	147014
贵 州	Guizhou	82679	44962	43659	9557	39020	35404
云 南	Yunnan	109707	94338	26149	11160	83558	83177
西 藏	Tibet	1416		1416			
陕 西	Shaanxi	52964	23314	41039	12585	11925	10729
甘 肃	Gansu	264503	239953	37514	14618	226989	225335
青 海	Qinghai	2404	1015	924	421	1480	594
宁 夏	Ningxia	248508	241742	17003	10237	231505	231505
新 疆	Xinjiang	26279	5044	23191	2235	3088	2809

9-5 续表 continued

地　区	Region	节约用水量 (万立方米) Water Saved (10 000 cu.m)	#工业 Industry
全　国	**National Total**	**707498**	**475208**
北　京	Beijing	7416	479
天　津	Tianjin	660	654
河　北	Hebei	5641	3798
山　西	Shanxi	14779	7891
内蒙古	Inner Mongolia	471	40
辽　宁	Liaoning	15989	8144
吉　林	Jilin	8100	5889
黑龙江	Heilongjiang	73589	22287
上　海	Shanghai	2198	561
江　苏	Jiangsu	77985	57407
浙　江	Zhejiang	41579	27545
安　徽	Anhui	30419	27490
福　建	Fujian	21226	12776
江　西	Jiangxi	8002	4102
山　东	Shandong	49004	36123
河　南	Henan	26573	15538
湖　北	Hubei	52782	48195
湖　南	Hunan	111970	108719
广　东	Guangdong	69896	32807
广　西	Guangxi	13942	9173
海　南	Hainan	233	37
重　庆	Chongqing	9257	7854
四　川	Sichuan	19707	9931
贵　州	Guizhou	17820	17418
云　南	Yunnan	4491	176
西　藏	Tibet		
陕　西	Shaanxi	6166	3357
甘　肃	Gansu	7106	2405
青　海	Qinghai	310	310
宁　夏	Ningxia	3614	2164
新　疆	Xinjiang	6574	1938

9-6 各地区城市污水排放和处理情况(2022年)
Urban Waste Water Discharged and Treated by Region (2022)

地 区	Region	城市污水排放量(万立方米) Waste Water Discharged (10 000 cu.m)	污水处理厂(座) Waste Water Treatment Plants (unit)	#二级以上处理 Secondary and Above Treatment	污水处理厂污水处理能力(万立方米/日) Treatment Capacity (10 000 cu.m/day)	#二级以上处理 Secondary and Above Treatment	污水处理厂污水处理量(万立方米) Volume of Waste Water Treated (10 000 cu.m)
全 国	**National Total**	**6389707**	**2894**	**2696**	**21606.1**	**20576.0**	**6165942**
北 京	Beijing	212346	78	78	712.1	712.1	204244
天 津	Tianjin	114459	46	46	344.5	344.5	111424
河 北	Hebei	183612	97	94	715.2	697.2	181923
山 西	Shanxi	109735	53	42	367.0	319.7	107083
内蒙古	Inner Mongolia	64568	40	37	246.2	231.7	62992
辽 宁	Liaoning	334822	142	99	1108.3	884.6	325713
吉 林	Jilin	139950	52	50	459.2	457.5	136930
黑龙江	Heilongjiang	133420	73	73	433.3	433.3	125592
上 海	Shanghai	219737	42	42	896.8	896.8	215438
江 苏	Jiangsu	525717	213	209	1684.6	1650.6	489605
浙 江	Zhejiang	395453	116	114	1341.4	1338.5	382647
安 徽	Anhui	227265	98	98	813.6	813.6	218797
福 建	Fujian	171902	63	60	552.2	518.7	160662
江 西	Jiangxi	134537	79	68	456.8	404.8	130378
山 东	Shandong	369891	233	233	1493.1	1493.1	363946
河 南	Henan	260026	127	119	1043.3	969.3	258802
湖 北	Hubei	321542	118	113	962.2	930.7	296252
湖 南	Hunan	264396	100	85	860.1	776.4	259377
广 东	Guangdong	958060	342	329	2936.0	2855.5	939520
广 西	Guangxi	176310	76	73	515.1	509.6	163849
海 南	Hainan	45292	31	27	137.7	121.1	44790
重 庆	Chongqing	155510	85	80	461.0	434.5	152498
四 川	Sichuan	310905	193	179	955.0	922.0	286406
贵 州	Guizhou	81265	118	118	408.1	408.1	80053
云 南	Yunnan	124374	72	66	371.1	356.0	121237
西 藏	Tibet	9767	11	7	33.2	13.2	9432
陕 西	Shaanxi	172906	72	61	573.1	511.1	167964
甘 肃	Gansu	46479	31	30	213.0	183.0	45454
青 海	Qinghai	18614	14	14	62.9	62.9	17850
宁 夏	Ningxia	29147	23	20	139.8	127.3	28867
新 疆	Xinjiang	77701	56	32	310.6	198.9	76214

9-6 续表 continued

地区	Region	污水处理装置 Waste Water Treatment Equipments		污水处理总能力（万立方米/日） Total Treatment Capacity (10 000 cu.m/day)	污水处理总量（万立方米） Total Volume of Waste Water Treated (10 000 cu.m)	市政再生水利用量（万立方米） Total Volume of Waste Water Recycled and Reused (10 000 cu.m)	城市污水处理率（%） Waste Water Treatment Rate (%)	#污水处理厂集中处理率 Waste Water Treatment Concentration Rate
		处理能力（万立方米/日） Treatment Capacity (10 000 cu.m/day)	处理量（万立方米） Volume of Treatment (10 000 cu.m)					
全 国	**National Total**	**998.9**	**102946**	**22605.0**	**6268888**	**1795475**	**98.1**	**96.5**
北 京	Beijing	21.4	4014	733.5	208258	120540	98.1	96.2
天 津	Tianjin	4.2	1256	348.7	112680	41679	98.4	97.3
河 北	Hebei			715.2	181923	91682	99.1	99.1
山 西	Shanxi	4.0	985	371.0	108068	25132	98.5	97.6
内蒙古	Inner Mongolia			246.2	62992	30167	97.6	97.6
辽 宁	Liaoning	14.6	2528	1122.9	328242	71356	98.0	97.3
吉 林	Jilin			459.2	136930	29244	97.8	97.8
黑龙江	Heilongjiang	41.5	3765	474.8	129357	17900	97.0	94.1
上 海	Shanghai			896.8	215438		98.0	98.0
江 苏	Jiangsu	197.0	22560	1881.6	512165	146353	97.4	93.1
浙 江	Zhejiang	17.7	5436	1359.1	388083	47121	98.1	96.8
安 徽	Anhui	37.4	4079	851.0	222876	70216	98.1	96.3
福 建	Fujian	51.8	8783	604.0	169445	43187	98.6	93.5
江 西	Jiangxi	4.1	949	460.9	131327	301	97.6	96.9
山 东	Shandong	5.7	515	1498.8	364460	189665	98.5	98.4
河 南	Henan	2.0	2	1045.3	258804	117129	99.5	99.5
湖 北	Hubei	68.4	17474	1030.6	313727	62356	97.6	92.1
湖 南	Hunan	14.5	170	874.5	259546	38660	98.2	98.1
广 东	Guangdong	35.2	4520	2971.3	944041	384749	98.5	98.1
广 西	Guangxi	359.8	10307	874.9	174156	32192	98.8	92.9
海 南	Hainan	0.5	119	138.1	44909	3016	99.2	98.9
重 庆	Chongqing	2.9	455	463.9	152953	1997	98.4	98.1
四 川	Sichuan	85.9	12774	1040.9	299179	78341	96.2	92.1
贵 州	Guizhou	1.1	307	409.3	80360	4967	98.9	98.5
云 南	Yunnan	16.7	1912	387.8	123149	36628	99.0	97.5
西 藏	Tibet			33.2	9432	23	96.6	96.6
陕 西	Shaanxi			573.1	167964	44098	97.1	97.1
甘 肃	Gansu	8.0		221.0	45454	9299	97.8	97.8
青 海	Qinghai			62.9	17850	4490	95.9	95.9
宁 夏	Ningxia			139.8	28867	13077	99.0	99.0
新 疆	Xinjiang	4.6	37	315.2	76251	39914	98.1	98.1

9-7 各地区城市市容环境卫生情况(2022年)
Urban Environmental Sanitation by Region (2022)

地区	Region	道路清扫保洁面积(万平方米) Area under Cleaning Program (10 000 sq.m)	生活垃圾清运量(万吨) Volume of Domestic Garbage Collected and Transported (10 000 tons)	无害化处理厂(座) Number of Harmless Treatment Plants/Grounds (unit)	卫生填埋 Sanitary Landfill	焚烧 Incineration	其他 Others
全国	**National Total**	**1081814**	**24444.7**	**1399**	**444**	**648**	**307**
北京	Beijing	17812	740.6	37	7	11	19
天津	Tianjin	14111	309.1	19		13	6
河北	Hebei	40731	749.0	47	11	30	6
山西	Shanxi	26583	466.7	28	14	12	2
内蒙古	Inner Mongolia	26264	348.6	30	23	7	
辽宁	Liaoning	48882	994.4	49	23	18	8
吉林	Jilin	19902	435.7	40	23	14	3
黑龙江	Heilongjiang	28126	507.9	42	27	11	4
上海	Shanghai	19385	890.1	26	1	13	12
江苏	Jiangsu	79266	1958.7	74	12	44	18
浙江	Zhejiang	58712	1553.5	81	2	51	28
安徽	Anhui	50253	745.4	53	11	26	16
福建	Fujian	25298	874.5	37	4	24	9
江西	Jiangxi	30285	527.7	30	2	18	10
山东	Shandong	80285	1724.0	107	24	61	22
河南	Henan	56412	1087.9	48	16	30	2
湖北	Hubei	50307	1032.6	67	21	34	12
湖南	Hunan	36743	860.8	48	23	16	9
广东	Guangdong	120512	3280.6	174	32	74	68
广西	Guangxi	30506	601.4	43	19	18	6
海南	Hainan	9659	264.8	12	1	9	2
重庆	Chongqing	25218	678.8	38	15	16	7
四川	Sichuan	57972	1259.2	48	13	27	8
贵州	Guizhou	20632	415.9	46	14	22	10
云南	Yunnan	20973	538.1	35	16	17	2
西藏	Tibet	4991	62.2	8	7	1	
陕西	Shaanxi	25782	654.9	41	24	10	7
甘肃	Gansu	14882	266.3	31	16	10	5
青海	Qinghai	3902	117.7	10	9		1
宁夏	Ningxia	10325	117.2	10	3	4	3
新疆	Xinjiang	27104	380.4	40	31	7	2

9–7 续表 1 continued 1

地 区	Region	无害化处理量 (万吨) Amount of Harmless Treated (10 000 tons)	卫生填埋 Sanitary Landfill	焚烧 Incineration	其他 Others	市容环卫专用车辆设备(辆) City Sanitation Special Vehicles (unit)
全 国	**National Total**	**24419.3**	**3043.2**	**19502.1**	**1874.0**	**341628**
北 京	Beijing	740.6	43.1	491.2	206.3	12159
天 津	Tianjin	309.1		287.4	21.7	5475
河 北	Hebei	749.0	78.2	630.2	40.6	13600
山 西	Shanxi	466.7	137.9	316.9	11.9	6931
内蒙古	Inner Mongolia	348.5	188.0	160.6		6856
辽 宁	Liaoning	990.2	265.1	672.4	52.7	13741
吉 林	Jilin	435.7	86.2	343.0	6.5	9056
黑龙江	Heilongjiang	507.9	195.3	301.8	10.8	11382
上 海	Shanghai	876.2	16.5	664.4	195.4	10054
江 苏	Jiangsu	1958.7	27.4	1734.9	196.5	25137
浙 江	Zhejiang	1553.5		1366.4	187.1	13526
安 徽	Anhui	745.4	4.2	683.1	58.1	12107
福 建	Fujian	874.5	33.0	786.0	55.5	9182
江 西	Jiangxi	527.7	20.3	485.0	22.4	12168
山 东	Shandong	1724.0	17.0	1629.6	77.4	22803
河 南	Henan	1084.4	177.9	903.2	3.3	19947
湖 北	Hubei	1032.6	179.3	791.0	62.3	15201
湖 南	Hunan	860.8	208.1	599.5	53.2	7933
广 东	Guangdong	3279.0	289.8	2664.1	325.2	31110
广 西	Guangxi	601.4	95.2	478.6	27.6	13044
海 南	Hainan	264.8		248.4	16.4	12467
重 庆	Chongqing	678.8	60.4	527.7	90.7	4886
四 川	Sichuan	1258.9	101.4	1112.9	44.7	15227
贵 州	Guizhou	415.4	72.7	320.2	22.5	5974
云 南	Yunnan	537.4	97.7	427.1	12.5	6544
西 藏	Tibet	62.1	38.3	23.8		1564
陕 西	Shaanxi	654.9	205.2	422.1	27.6	5877
甘 肃	Gansu	266.3	69.9	184.2	12.2	6021
青 海	Qinghai	117.0	108.0		9.1	1048
宁 夏	Ningxia	117.2	18.1	80.4	18.7	2771
新 疆	Xinjiang	380.4	209.1	166.1	5.2	7837

9-7 续表 2 continued 2

地　区	Region	无害化处理能力（吨/日）Harmless Treatment Capacity (ton/day)	卫生填埋 Sanitary Landfill	焚烧 Incineration	其他 Others	生活垃圾无害化处理率(%) Rate of Domestic Garbage Harmless Treatment (%)
全　国	**National Total**	**1109435**	**215167**	**804670**	**89598**	**99.9**
北　京	Beijing	31461	4491	17150	9820	100.0
天　津	Tianjin	19550		18200	1350	100.0
河　北	Hebei	37631	3761	31850	2020	100.0
山　西	Shanxi	19870	5170	14100	600	100.0
内蒙古	Inner Mongolia	14728	7628	7100		100.0
辽　宁	Liaoning	38324	13172	23330	1822	99.6
吉　林	Jilin	22210	9280	12250	680	100.0
黑龙江	Heilongjiang	22447	8697	12750	1000	100.0
上　海	Shanghai	37012	5000	23000	9012	98.4
江　苏	Jiangsu	78539	6905	64028	7606	100.0
浙　江	Zhejiang	82166	1418	72700	8048	100.0
安　徽	Anhui	36779	6896	27160	2723	100.0
福　建	Fujian	31223	2250	26178	2795	100.0
江　西	Jiangxi	23289	1150	20850	1289	100.0
山　东	Shandong	75849	12239	59660	3950	100.0
河　南	Henan	46735	6575	39410	750	99.7
湖　北	Hubei	41223	7982	30347	2894	100.0
湖　南	Hunan	38153	13532	21631	2990	100.0
广　东	Guangdong	178697	35666	127935	15096	100.0
广　西	Guangxi	30459	8159	19950	2350	100.0
海　南	Hainan	15000	500	13400	1100	100.0
重　庆	Chongqing	28956	5384	19422	4150	100.0
四　川	Sichuan	45580	7980	36112	1488	100.0
贵　州	Guizhou	24517	6427	16750	1340	99.9
云　南	Yunnan	16970	3588	12707	675	99.9
西　藏	Tibet	2330	1630	700		99.8
陕　西	Shaanxi	32046	14146	15950	1950	100.0
甘　肃	Gansu	12342	3742	7650	950	100.0
青　海	Qinghai	2152	2032		120	99.5
宁　夏	Ningxia	7270	1590	5000	680	100.0
新　疆	Xinjiang	15926	8176	7400	350	100.0

9-7 续表 3 continued 3

地 区	Region	公共厕所数 (座) Number of Public Lavatories (unit)	#三类以上 Grade III and Above	每万人拥有公厕 (座) Number of Public Lavatories per 10 000 Population (unit)
全 国	**National Total**	**193654**	**167975**	**3.43**
北 京	Beijing	6435	6435	3.36
天 津	Tianjin	4563	4253	3.93
河 北	Hebei	8252	7697	4.12
山 西	Shanxi	4430	3336	3.46
内蒙古	Inner Mongolia	6956	5257	7.43
辽 宁	Liaoning	5743	4150	2.45
吉 林	Jilin	4813	3681	4.01
黑龙江	Heilongjiang	5994	3442	4.35
上 海	Shanghai	6253	3952	2.53
江 苏	Jiangsu	14627	13766	3.95
浙 江	Zhejiang	10201	9220	3.13
安 徽	Anhui	7092	6937	3.63
福 建	Fujian	6928	5590	4.59
江 西	Jiangxi	6049	6048	4.97
山 东	Shandong	10829	10151	2.61
河 南	Henan	12684	12247	4.44
湖 北	Hubei	7889	6552	3.24
湖 南	Hunan	5168	3874	2.67
广 东	Guangdong	13515	12927	2.05
广 西	Guangxi	3039	1863	2.28
海 南	Hainan	1475	1466	4.43
重 庆	Chongqing	4991	3936	3.09
四 川	Sichuan	9786	8377	3.06
贵 州	Guizhou	4324	3635	4.74
云 南	Yunnan	6495	6311	6.03
西 藏	Tibet	897	101	9.35
陕 西	Shaanxi	6689	6459	4.65
甘 肃	Gansu	3092	2688	4.52
青 海	Qinghai	834	716	3.90
宁 夏	Ningxia	905	842	3.06
新 疆	Xinjiang	2706	2066	2.80

9-8 各地区城市燃气情况(2022年)
Supply of Gas in Cities by Region (2022)

地 区	Region	人工煤气 Gaswork Gas				
		生产能力 (万立方米/日) Production Capacity (10 000 cu.m/day)	供气管道长度 (公里) Length of Gas Supply Pipeline (km)	供气总量 (万立方米) Total Gas Supply (10 000 cu.m)	#家庭用量 Domestic Consumption	用气人口 (万人) Population Covered (10 000 persons)
全 国	**National Total**	**780.7**	**6717.9**	**181450**	**35207**	**380.5**
北 京	Beijing					
天 津	Tianjin					
河 北	Hebei		426.8	58144		
山 西	Shanxi	225.0	659.6	51225	1129	15.2
内蒙古	Inner Mongolia		195.9	2812	1928	12.2
辽 宁	Liaoning	51.1	2584.0	25653	17394	188.0
吉 林	Jilin		349.0	3569	2308	45.2
黑龙江	Heilongjiang		212.6	2033	1686	30.6
上 海	Shanghai					
江 苏	Jiangsu					
浙 江	Zhejiang					
安 徽	Anhui					
福 建	Fujian					
江 西	Jiangxi	3.0	85.2	15249	474	0.9
山 东	Shandong	132.0	2.9	7679		
河 南	Henan	15.0	235.4			
湖 北	Hubei		589.1			
湖 南	Hunan					
广 东	Guangdong					
广 西	Guangxi	9.6	514.7	5194	3919	34.9
海 南	Hainan					
重 庆	Chongqing					
四 川	Sichuan		811.7	7926	4712	37.3
贵 州	Guizhou					
云 南	Yunnan					
西 藏	Tibet					
陕 西	Shaanxi					
甘 肃	Gansu	345.0	51.0	1961	1653	14.0
青 海	Qinghai					
宁 夏	Ningxia					
新 疆	Xinjiang			4	4	2.2

9-8 续表 1 continued 1

地 区	Region	天然气 Natural Gas 供气管道长度 (公里) Length of Gas Supply Pipeline (km)	供气总量 (万立方米) Total Gas Supply (10 000 cu.m)	#家庭用量 Domestic Consumption	用气人口 (万人) Population Covered (10 000 persons)
全 国	**National Total**	**980404.7**	**17677007**	**4382046**	**45678.5**
北 京	Beijing	31881.3	1991095	204687	1472.9
天 津	Tianjin	52607.7	681389	116070	1087.1
河 北	Hebei	45247.9	633612	225351	1836.4
山 西	Shanxi	29298.0	320966	95738	1202.3
内蒙古	Inner Mongolia	12564.9	255320	96673	705.3
辽 宁	Liaoning	33291.5	380778	85898	1838.0
吉 林	Jilin	14247.5	228098	47797	902.6
黑龙江	Heilongjiang	12898.9	176772	43547	1000.4
上 海	Shanghai	33665.4	911454	194652	1981.2
江 苏	Jiangsu	114704.4	1717890	343601	3383.0
浙 江	Zhejiang	63946.5	997007	139776	2281.5
安 徽	Anhui	35768.8	501514	151169	1820.9
福 建	Fujian	18186.1	335962	35040	1013.8
江 西	Jiangxi	21979.5	251369	74400	963.6
山 东	Shandong	83079.7	1275881	324671	3865.1
河 南	Henan	30838.8	741158	248570	2508.1
湖 北	Hubei	51333.7	632308	190434	2070.1
湖 南	Hunan	32744.5	332266	147883	1514.0
广 东	Guangdong	47463.5	1393327	201332	4165.3
广 西	Guangxi	11469.2	206967	55524	811.1
海 南	Hainan	5538.7	35152	21009	275.0
重 庆	Chongqing	25933.2	591130	234303	1556.8
四 川	Sichuan	77456.1	1028010	458436	2949.8
贵 州	Guizhou	10765.7	180290	55730	607.0
云 南	Yunnan	10100.7	73687	21269	527.0
西 藏	Tibet	6165.9	5200	2000	43.0
陕 西	Shaanxi	29677.9	617804	229683	1349.7
甘 肃	Gansu	4658.7	264163	69343	589.9
青 海	Qinghai	4148.9	171968	47620	184.0
宁 夏	Ningxia	7517.2	126665	44985	270.5
新 疆	Xinjiang	21224.1	617805	174854	903.3

9-8 续表 2 continued 2

地区 Region	液化石油气 Liquefied Petroleum Gas 供气管道长度(公里) Length of Gas Supply Pipeline (km)	供气总量(吨) Total Gas Supply (ton)	#家庭用量 Domestic Consumption	用气人口(万人) Population Covered (10 000 persons)	燃气普及率(%) Gas Coverage Rate (%)
全 国 National Total	**2547.4**	**7584586**	**4444194**	**9332.8**	**98.1**
北 京 Beijing	206.0	156679	120088	439.9	100.0
天 津 Tianjin		102546	45301	73.0	100.0
河 北 Hebei	107.2	86307	59803	158.9	99.5
山 西 Shanxi		63301	47120	31.4	97.6
内蒙古 Inner Mongolia		56580	38271	199.2	98.0
辽 宁 Liaoning	199.1	497149	98444	263.2	97.7
吉 林 Jilin	29.8	103575	45998	210.4	96.5
黑龙江 Heilongjiang	109.9	156966	77487	252.4	93.2
上 海 Shanghai	263.2	220377	125858	494.7	100.0
江 苏 Jiangsu	120.0	560086	322508	320.4	99.9
浙 江 Zhejiang	251.1	762242	537448	972.0	100.0
安 徽 Anhui	189.6	159206	85158	123.1	99.4
福 建 Fujian	216.5	292751	159168	491.9	99.7
江 西 Jiangxi		173056	137043	238.4	98.8
山 东 Shandong	1.2	259540	143353	269.8	99.5
河 南 Henan	4.5	155250	130148	300.5	98.2
湖 北 Hubei	90.1	280348	167928	351.9	99.5
湖 南 Hunan		250661	178509	380.5	97.7
广 东 Guangdong	564.3	2180560	1315159	2346.6	98.6
广 西 Guangxi	2.1	296883	201144	480.6	99.4
海 南 Hainan		71746	64341	56.7	99.5
重 庆 Chongqing		50826	26708	41.5	98.8
四 川 Sichuan	170.8	210088	86794	98.9	96.6
贵 州 Guizhou		111285	48625	243.0	93.3
云 南 Yunnan	16.9	139860	57775	246.4	71.8
西 藏 Tibet	1.4	8445	7735	28.2	74.3
陕 西 Shaanxi		54851	46663	73.6	99.0
甘 肃 Gansu		47766	24863	58.6	96.9
青 海 Qinghai		8881	5944	18.4	94.7
宁 夏 Ningxia	0.1	18926	8444	21.1	98.5
新 疆 Xinjiang	3.5	47850	30366	48.1	98.6

9-9 各地区城市集中供热情况(2022年)
Central Heating in Cities by Region (2022)

地 区	Region	供热能力 Heating Capacity		供热总量 Total Heating Supply	
		蒸 汽 (吨/小时) Steam (ton/hour)	热 水 (兆瓦) Hot Water (megawatts)	蒸 汽 (万吉焦) Steam (10 000 gigajoules)	热 水 (万吉焦) Hot Water (10 000 gigajoules)
全 国	**National Total**	**125543**	**600194**	**67113**	**361226**
北 京	Beijing		51621		20347
天 津	Tianjin	1875	32282	873	16845
河 北	Hebei	6427	49765	4306	30015
山 西	Shanxi	19325	30190	11332	19263
内蒙古	Inner Mongolia	2596	51782	1993	33155
辽 宁	Liaoning	19455	74606	11515	55688
吉 林	Jilin	1622	48340	904	28833
黑龙江	Heilongjiang	10655	54716	5695	43001
上 海	Shanghai				
江 苏	Jiangsu	7648	15	2118	8
浙 江	Zhejiang				
安 徽	Anhui	3200	200	2350	9
福 建	Fujian				
江 西	Jiangxi				
山 东	Shandong	29940	70851	12554	42569
河 南	Henan	6158	26310	3173	14385
湖 北	Hubei	1943	0	1541	0
湖 南	Hunan				
广 东	Guangdong				
广 西	Guangxi				
海 南	Hainan				
重 庆	Chongqing				
四 川	Sichuan				
贵 州	Guizhou		280		63
云 南	Yunnan		450		89
西 藏	Tibet		46		110
陕 西	Shaanxi	8075	28524	4099	13435
甘 肃	Gansu	795	19688	610	12591
青 海	Qinghai		8157		3482
宁 夏	Ningxia	2004	7643	1002	6210
新 疆	Xinjiang	3825	44729	3048	21127

9-9 续表 continued

地　区	Region	管道长度（公里）Length of Pipelines (km)	供热面积（万平方米）Heated Area (10 000 sq.m)	#住　宅 Housing
全　国	**National Total**	**493417**	**1112500**	**846194**
北　京	Beijing	68277	71301	48400
天　津	Tianjin	36244	58648	45478
河　北	Hebei	45163	96034	77186
山　西	Shanxi	26340	83070	61168
内蒙古	Inner Mongolia	27021	68794	46959
辽　宁	Liaoning	68091	145320	108472
吉　林	Jilin	36535	71941	51122
黑龙江	Heilongjiang	25576	90416	64630
上　海	Shanghai			
江　苏	Jiangsu	425	3545	3545
浙　江	Zhejiang			
安　徽	Anhui	831	2684	1589
福　建	Fujian			
江　西	Jiangxi			
山　东	Shandong	97017	192312	163162
河　南	Henan	16205	64403	56736
湖　北	Hubei	651	2008	1736
湖　南	Hunan			
广　东	Guangdong			
广　西	Guangxi			
海　南	Hainan			
重　庆	Chongqing			
四　川	Sichuan	76	19	
贵　州	Guizhou	55	205	117
云　南	Yunnan	470	188	100
西　藏	Tibet	300	184	55
陕　西	Shaanxi	5146	52777	42707
甘　肃	Gansu	14212	30702	21864
青　海	Qinghai	1143	10397	6222
宁　夏	Ningxia	6673	15612	11745
新　疆	Xinjiang	16966	51940	33200

9-10 各地区城市园林绿化情况(2022年)
Area of Parks & Green Land in Cities by Region (2022)

单位：公顷 (hectare)

地 区	Region	绿化覆盖面积 Green Covered Area	#建成区 Built District	绿地面积 Area of Parks and Green Space	#建成区 Built District	公园绿地面积 Area of Public Recreational Green Space
全 国	**National Total**	**4021177**	**2820978**	**3586020**	**2579720**	**868508**
北 京	Beijing	99008	99008	93558	93558	36900
天 津	Tianjin	51496	48573	47713	44880	11580
河 北	Hebei	121254	99242	100563	90698	30776
山 西	Shanxi	65043	57004	58288	51979	17559
内蒙古	Inner Mongolia	77105	53383	71573	49587	18220
辽 宁	Liaoning	223966	115071	150462	108736	31357
吉 林	Jilin	106916	67433	99451	61494	17329
黑龙江	Heilongjiang	81491	68452	74527	62504	19333
上 海	Shanghai	178186	47317	172647	45783	22976
江 苏	Jiangsu	353661	216648	319725	199839	59388
浙 江	Zhejiang	215651	144373	189757	131062	44861
安 徽	Anhui	148248	113324	132363	102878	33198
福 建	Fujian	98677	82731	91088	76374	23077
江 西	Jiangxi	88242	83444	80560	77454	20701
山 东	Shandong	318591	249959	280650	226947	75582
河 南	Henan	154043	141908	135170	125057	44627
湖 北	Hubei	133241	123019	117985	112987	37428
湖 南	Hunan	99626	89084	99439	81497	25315
广 东	Guangdong	587124	292976	539604	264659	118509
广 西	Guangxi	93391	76383	81236	66694	15570
海 南	Hainan	21291	17771	19683	16531	4075
重 庆	Chongqing	85446	73114	76584	67814	28516
四 川	Sichuan	162542	148548	143459	131724	44715
贵 州	Guizhou	118582	50345	100487	47988	14958
云 南	Yunnan	69943	55562	63270	50900	15027
西 藏	Tibet	7250	6966	6858	6590	1557
陕 西	Shaanxi	88721	66204	80269	59681	18900
甘 肃	Gansu	36994	35041	32834	32028	11183
青 海	Qinghai	9761	9135	9160	8558	2830
宁 夏	Ningxia	27901	20473	26418	19619	6762
新 疆	Xinjiang	97786	68488	90639	63622	15696

注：北京市各项数据为该市调查面积内数据，全国城市人均公园绿地面积、建成区绿化覆盖率和建成区绿地率作适当修正。
Note: All the data for Beijing in the Table are those for the areas surveyed in the city, and the public recreational green space per capita, green coverage rate of built district and green space rate of built district of national total have been revised appropriately.

9−10 续表 continued

地 区	Region	人均公园绿地面积(平方米) Public Recreational Green Space per Capita (sq.m)	建成区绿化覆盖率(%) Green Coverage Rate of Built District (%)	建成区绿地率(%) Green Space Rate of Built District (%)	公园个数(个) Number of Parks (unit)	公园面积(公顷) Area of Parks (hectare)
全 国	**National Total**	**15.3**	**43.0**	**39.3**	**24841**	**672753**
北 京	Beijing	16.6	49.8	47.1	612	36397
天 津	Tianjin	10.0	38.4	35.5	170	3438
河 北	Hebei	15.4	43.8	40.0	1032	22491
山 西	Shanxi	13.7	44.0	40.1	441	14574
内蒙古	Inner Mongolia	19.5	41.9	39.0	479	15238
辽 宁	Liaoning	13.4	40.9	38.6	746	22580
吉 林	Jilin	14.4	42.7	38.9	482	13029
黑龙江	Heilongjiang	14.0	38.0	34.7	479	13125
上 海	Shanghai	9.3	38.1	36.9	473	4227
江 苏	Jiangsu	16.0	44.1	40.6	1424	35678
浙 江	Zhejiang	13.8	42.1	38.2	1902	26013
安 徽	Anhui	17.0	45.3	41.1	834	22931
福 建	Fujian	15.3	44.1	40.7	725	15523
江 西	Jiangxi	17.0	46.6	43.3	902	16930
山 东	Shandong	18.2	43.8	39.7	1496	51148
河 南	Henan	15.6	40.3	35.5	681	22114
湖 北	Hubei	15.4	42.9	39.4	737	22383
湖 南	Hunan	13.1	42.3	38.7	756	19448
广 东	Guangdong	17.9	44.6	40.3	4969	165322
广 西	Guangxi	11.7	42.2	36.9	474	16921
海 南	Hainan	12.2	42.4	39.4	167	3337
重 庆	Chongqing	17.6	44.6	41.3	594	16671
四 川	Sichuan	14.0	43.5	38.6	946	28692
贵 州	Guizhou	16.4	42.1	40.2	451	15587
云 南	Yunnan	13.9	43.1	39.5	1372	12701
西 藏	Tibet	16.2	40.8	38.6	167	1281
陕 西	Shaanxi	13.2	42.6	38.4	451	12271
甘 肃	Gansu	16.4	36.2	33.1	225	7057
青 海	Qinghai	13.2	36.5	34.2	71	1854
宁 夏	Ningxia	22.8	42.2	40.4	149	3865
新 疆	Xinjiang	16.2	41.4	38.5	434	9930

9-11 各地区城市公共交通情况(2022年)
Urban Public Transportation by Region (2022)

地　区	Region	公共汽电车 Bus and Trolley Bus			城市轨道交通 Subways, Light Rail, Streetcar		
		运营车数(辆) Number of Bus in Operation (unit)	运营线路总长度(公里) Length of Routes in Operation (km)	客运总量(万人次) Total Passenger Traffic (10 000 person-times)	配属车辆数(辆) Number of Attached Vehicles (unit)	运营里程(公里) Length in Operation (km)	客运总量(万人次) Total Passenger Traffic (10 000 person-times)
全　国	**National Total**	**703165**	**1664495**	**3533749**	**62557**	**9555**	**1930900**
北　京	Beijing	23465	30174	172559	7274	797	226183
天　津	Tianjin	11653	27865	43959	1580	293	31934
河　北	Hebei	32517	86512	69752	486	74	8640
山　西	Shanxi	15802	50510	76213	144	23	2887
内蒙古	Inner Mongolia	11498	47229	46815	312	49	3308
辽　宁	Liaoning	22596	42584	169694	1674	419	44036
吉　林	Jilin	12048	37132	67211	1002	107	12307
黑龙江	Heilongjiang	19867	48757	106139	522	78	13431
上　海	Shanghai	17305	24883	76881	7311	831	227926
江　苏	Jiangsu	53419	119206	186535	5172	1008	133733
浙　江	Zhejiang	45767	162339	184520	4747	859	125974
安　徽	Anhui	27785	81143	111227	1502	217	28986
福　建	Fujian	20950	46228	140129	1280	209	31860
江　西	Jiangxi	15863	57691	65663	864	129	23897
山　东	Shandong	66610	186163	220930	1921	407	33859
河　南	Henan	35869	56554	97229	1764	276	32190
湖　北	Hubei	25776	43272	169999	3295	531	89424
湖　南	Hunan	33266	59522	180664	1149	210	57783
广　东	Guangdong	66145	127333	307811	8495	1343	417585
广　西	Guangxi	14376	40487	66547	876	128	27335
海　南	Hainan	4887	13267	12824	14	8	76
重　庆	Chongqing	15131	30161	185055	2682	435	91242
四　川	Sichuan	34010	65520	256769	4622	558	157176
贵　州	Guizhou	11271	27047	120196	498	74	9303
云　南	Yunnan	16376	55335	85711	810	153	17575
西　藏	Tibet	884	3242	5088			
陕　西	Shaanxi	18681	28762	116705	2226	272	76889
甘　肃	Gansu	10222	22838	80613	173	38	3614
青　海	Qinghai	3751	12200	21035			
宁　夏	Ningxia	4400	10784	22176			
新　疆	Xinjiang	10975	19755	67102	162	27	1751

资料来源：交通运输部。

注：2021年起，城市公共交通数据统计范围为城市和县城。

Source: Ministry of Transport.

Note: Since 2021,the statistical scope of urban public transport data will cover cities and counties.

9-11 续表 continued

地 区 Region	巡游出租汽车 Taxi		客运轮渡 Ferry	
	运营车数（辆）Number of Taxi in Operation (unit)	客运总量（万人次）Total Passenger Traffic (10 000 person-times)	运营船数（艘）Number of Ferry in Operation (unit)	客运总量（万人次）Total Passenger Traffic (10 000 person-times)
全 国 National Total	**1362041**	**2081976**	**183**	**4461**
北 京 Beijing	70230	18669		
天 津 Tianjin	31779	3803		
河 北 Hebei	70273	61591		
山 西 Shanxi	41550	57865		
内蒙古 Inner Mongolia	67965	110842		
辽 宁 Liaoning	91577	150373		
吉 林 Jilin	67876	118041		
黑龙江 Heilongjiang	97955	189863	21	94
上 海 Shanghai	27515	17851	35	1524
江 苏 Jiangsu	52937	53956	11	247
浙 江 Zhejiang	44092	51199	3	27
安 徽 Anhui	55205	97148		
福 建 Fujian	20998	40045	20	1081
江 西 Jiangxi	17174	35410		
山 东 Shandong	69990	70954	3	2
河 南 Henan	63465	76251		
湖 北 Hubei	43980	87029	24	334
湖 南 Hunan	35481	101414	4	
广 东 Guangdong	51668	75974	52	1097
广 西 Guangxi	20366	17530		
海 南 Hainan	6278	6469		
重 庆 Chongqing	24679	72447	10	55
四 川 Sichuan	45792	128433		
贵 州 Guizhou	46196	126542		
云 南 Yunnan	31356	59021		
西 藏 Tibet	2380	5003		
陕 西 Shaanxi	38580	73778		
甘 肃 Gansu	38874	52185		
青 海 Qinghai	14127	17050		
宁 夏 Ningxia	16469	31810		
新 疆 Xinjiang	55234	73432		

9-12 主要城市道路交通噪声监测情况(2022年)
Monitoring of Urban Road Traffic Noise in Main Cities (2022)

城市	City	路段总长度 (米) Total Length of Roads (m)	超70dB(A)路段长度 (米) Roads above 70dB(A) (m)	超70dB(A)路段长度百分比 (%) Percentage of Roads above 70dB(A) (%)	路段平均路宽 (米) Average Width of Roads (m)	噪声等效声级 (dB(A)) Equivalent Noise Level (dB(A))
北京	Beijing	962700	307101	31.9	33	68.7
天津	Tianjin	499600	50901	10.2	29	65.5
石家庄	Shijiazhuang	890200	195224	21.9	26	66.5
太原	Taiyuan	555800			41	66.1
呼和浩特	Hohhot	239900	40774	17.0	36	67.5
沈阳	Shenyang	405300	138920	34.3	32	68.6
长春	Changchun	279700	93783	33.5	29	69.5
哈尔滨	Harbin	363500	106010	29.2	25	67.5
上海	Shanghai	174900	61300	35.1	31	68.1
南京	Nanjing	280200	24414	8.7	30	67.2
杭州	Hangzhou	741800	96860	13.1	32	66.5
合肥	Hefei	591700	217490	36.8	35	68.8
福州	Fuzhou	335300	112490	33.5	27	68.3
南昌	Nanchang	463900	59998	12.9	32	65.8
济南	Jinan	191300	56341	29.5	51	66.5
郑州	Zhengzhou	465700	89820	19.3	45	66.9
武汉	Wuhan	224400	93434	41.6	26	69.3
长沙	Changsha	408100	126909	31.1	36	68.3
广州	Guangzhou	1012100	295466	29.2	28	68.8
南宁	Nanning	166500	34155	20.5	55	68.6
海口	Haikou	437500	80034	18.3	38	67.8
重庆	Chongqing	527100	80100	15.2	23	66.2
成都	Chengdu	663700	155009	23.4	43	68.0
贵阳	Guiyang	646600	270040	41.8	35	69.7
昆明	Kunming	664600	70769	10.6	35	64.1
拉萨	Lhasa	53000	1000	1.9	20	63.2
西安	Xi'an	924100	131989	14.3	23	66.0
兰州	Lanzhou	236000	12535	5.3	29	66.8
西宁	Xining	294900	94951	32.2	36	67.5
银川	Yinchuan	198800	18600	9.4	37	66.7
乌鲁木齐	Urumqi	378400	40880	10.8	27	65.9

资料来源：生态环境部(下表同)。
Source: Ministry of Ecology and Environment (the same as in the following table).

9-13 主要城市区域环境噪声监测及声源构成情况(2022年)
Monitoring of Urban Environment Noise and the Composition by Sources in Main Cities (2022)

单位：%，dB(A) (%, dB(A))

城市	City	区域环境噪声等效声级 Urban Environment Noise Equivalent Noise Level	交通噪声 Traffic Noise		工业噪声 Industry Noise	
			所占比例 Percentage of Total	平均声级 Average Noise Value	所占比例 Percentage of Total	平均声级 Average Noise Value
北　京	Beijing	52.8	15.7	56.6	4.9	56.3
天　津	Tianjin	53.2	16.5	56.2	11.2	53.6
石家庄	Shijiazhuang	52.6	27.0	51.9	7.0	56.2
太　原	Taiyuan	50.0	4.6	52.2	2.5	56.8
呼和浩特	Hohhot	52.4	22.2	58.2	6.5	55.9
沈　阳	Shenyang	54.9	27.9	58.9	8.8	55.4
长　春	Changchun	53.7	26.7	60.9	3.3	54.8
哈尔滨	Harbin	52.5	31.2	55.4	14.3	51.5
上　海	Shanghai	54.0	12.4	56.4	8.1	56.7
南　京	Nanjing	53.9	33.9	54.5	15.2	55.9
杭　州	Hangzhou	55.7	16.1	58.4	2.6	53.2
合　肥	Hefei	58.5	20.3	59.2	23.6	59.1
福　州	Fuzhou	56.6	22.8	60.2	4.3	58.6
南　昌	Nanchang	54.5	33.9	57.2	51.4	52.2
济　南	Jinan	55.0	6.2	53.8	4.1	55.0
郑　州	Zhengzhou	54.2	13.8	57.2		
武　汉	Wuhan	58.2	32.6	61.7	8.6	60.1
长　沙	Changsha	53.9	34.9	57.3	7.0	55.7
广　州	Guangzhou	56.1	27.9	58.9	13.0	55.4
南　宁	Nanning	55.3	23.7	61.4	3.5	57.9
海　口	Haikou	59.1	34.2	64.0	3.4	58.2
重　庆	Chongqing	52.5	15.3	55.2	7.1	54.1
成　都	Chengdu	55.9	9.4	61.9	26.7	57.2
贵　阳	Guiyang	54.5	35.8	56.4	4.9	55.3
昆　明	Kunming	51.7	19.1	56.5	6.2	53.6
拉　萨	Lhasa	51.5	11.3	61.0		
西　安	Xi'an	54.4	17.9	58.8	5.5	53.9
兰　州	Lanzhou	51.8	26.8	53.7	5.2	54.4
西　宁	Xining	50.6	15.6	53.7	7.0	53.8
银　川	Yinchuan	52.7	21.0	53.1	14.0	54.6
乌鲁木齐	Urumqi					

9-13 续表 continued

单位：%，dB(A) (%, dB(A))

城 市	City	施工噪声 Construction Noise 所占比例 Percentage of Total	施工噪声 Construction Noise 平均声级 Average Noise Value	生活噪声 Household Noise 所占比例 Percentage of Total	生活噪声 Household Noise 平均声级 Average Noise Value
北 京	Beijing			79.5	51.8
天 津	Tianjin	7.1	53.2	65.3	52.4
石家庄	Shijiazhuang	1.7	49.8	64.3	52.6
太 原	Taiyuan			92.9	49.7
呼和浩特	Hohhot	3.7	59.4	67.6	50.1
沈 阳	Shenyang	4.0	58.9	59.3	52.7
长 春	Changchun	1.7	58.4	68.3	50.8
哈尔滨	Harbin	3.6	53.5	50.9	51.0
上 海	Shanghai	0.5	55.5	78.9	53.4
南 京	Nanjing	0.6	51.8	50.3	52.9
杭 州	Hangzhou	5.2	56.4	76.1	55.2
合 肥	Hefei	3.5	57.9	52.6	58.0
福 州	Fuzhou	2.2	58.0	70.7	55.3
南 昌	Nanchang	10.4	55.1	4.4	60.1
济 南	Jinan	1.4	54.2	88.2	55.1
郑 州	Zhengzhou	0.5	55.2	85.7	53.7
武 汉	Wuhan	5.5	58.3	53.2	55.7
长 沙	Changsha	7.8	54.5	50.4	51.2
广 州	Guangzhou	2.9	57.0	56.2	54.8
南 宁	Nanning	1.8	57.6	71.1	53.0
海 口	Haikou	5.1	63.8	57.3	55.8
重 庆	Chongqing	4.9	54.8	72.7	51.6
成 都	Chengdu	3.5	59.6	60.4	54.1
贵 阳	Guiyang	4.9	54.8	54.3	53.2
昆 明	Kunming	1.7	52.9	72.9	50.3
拉 萨	Lhasa			88.7	50.3
西 安	Xi'an	4.5	55.2	72.1	53.3
兰 州	Lanzhou	6.1	52.2	61.9	50.8
西 宁	Xining	5.5	51.3	71.9	49.5
银 川	Yinchuan	1.4	52.6	63.6	52.2
乌鲁木齐	Urumqi				

十、农村环境

Rural Environment

10-1 全国农村环境情况(2000-2022年)
Rural Environment (2000-2022)

年 份 Year	农村改水累计受益人口 (万人) Accumulative Benefiting Population from Drinking Water Improvement Projects (10 000 persons)	农村改水累计受益率 (%) Proportion of Benefiting Population from Drinking Water Improvement (%)	累计使用卫生厕所户数 (万户) Households with Access to Sanitation Lavatory (10 000 households)	卫生厕所普及率 (%) Sanitation Lavatory Access Rate (%)	农村沼气池产气量 (亿立方米) Production of Methane in Rural Areas (100 million cu.m)	太阳能热水器 (万平方米) Water Heaters Using Solar Energy (10 000 sq.m)	太阳灶 (台) Solar Kitchen Ranges (unit)
2000	88112	92.4	9572	44.8	25.9	1107.8	332390
2001	86113	91.0	11405	46.1	29.8	1319.4	388599
2002	86833	91.7	12062	48.7	37.0	1621.7	478426
2003	87387	92.7	12624	50.9	47.5	2464.8	526177
2004	88616	93.8	13192	53.1	55.7	2845.9	577625
2005	88893	94.1	13740	55.3	72.9	3205.6	685552
2006	86629	91.1	13873	55.0	83.6	3941.0	865238
2007	87859	92.1	14442	57.0	101.7	4286.4	1118763
2008	89447	93.6	15166	59.7	118.4	4758.7	1356755
2009	90251	94.3	16056	63.2	130.8	4997.1	1484271
2010	90834	94.9	17138	67.4	139.6	5488.9	1617233
2011	89971	94.2	18019	69.2	152.8	6231.9	2139454
2012	91208	95.3	18628	71.7	157.6	6801.8	2207246
2013	89938	95.6	19401	74.1	157.8	7294.6	2264356
2014	91511	95.8	19939	76.1	155.0	7782.9	2299635
2015			20684	78.4	153.9	8232.6	2325927
2016			21460	80.3	144.9	8623.7	2279387
2017			21701	81.7	123.8	8723.5	2222666
2018					112.2	8805.4	2135756
2019						8476.7	1835693
2020						8420.7	1706244
2021						8084.1	1334070
2022						7791.8	801825

10-2 各地区农村可再生能源利用情况(2022年)
Use of Renewable Energy in Rural Area by Region (2022)

地 区	Region	户用沼气池数量(万个) Number of Household Biogas Digester (10 000 unit)	沼气工程数量(个) Number of Biogas Project (unit)	太阳能热水器(万平方米) Water Heaters Using Solar Energy (10 000 sq.m)	太阳房(万平方米) Solar Energy Houses (10 000 sq.m)	太阳灶(台) Solar Kitchen Ranges (unit)
全 国	**National**	**1517.80**	**75115**	**7791.8**	**1397.1**	**801825**
北 京	Beijing		18	73.4	96.1	
天 津	Tianjin	0.04	44	38.1		
河 北	Hebei	19.67	518	652.5	273.2	3983
山 西	Shanxi	0.82	144	39.6	2.2	18030
内 蒙	Inner Mongolia	11.13	189	63.6	21.2	5823
辽 宁	Liaoning	25.45	425	68.0	84.5	91
吉 林	Jilin	0.03	64	63.6	289.4	213
黑龙江	Heilongjiang	9.96	910	17.7	164.4	
上 海	Shanghai		27			
江 苏	Jiangsu	25.77	3389	1080.1	0.5	
浙 江	Zhejiang	1.35	3850	559.5		
安 徽	Anhui	45.68	1564	587.9	0.8	
福 建	Fujian	19.71	2924	33.3		
江 西	Jiangxi	77.53	5709	209.7		
山 东	Shandong	11.19	1792	1338.7	11.3	627
河 南	Henan	57.33	2056	371.7		
湖 北	Hubei	216.19	8119	301.9		
湖 南	Hunan	42.56	10937	185.3		
广 东	Guangdong	3.34	15174	139.8	0.1	
广 西	Guangxi	193.10	1299	152.7		
海 南	Hainan	4.94	1945	389.2		
重 庆	Chongqing	16.26	2875	46.8		
四 川	Sichuan	431.53	6835	239.0	0.6	1166
贵 州	Guizhou	61.52	1112	77.5		
云 南	Yunnan	101.44	1812	710.7		
西 藏	Tibet	0.05				
陕 西	Shaanxi	4.98	628	7.4		32400
甘 肃	Gansu	117.88	459	192.0	450.8	600585
青 海	Qinghai	0.01	8	0.1		100
宁 夏	Ningxia	18.32	108	137.0	1.8	138765
新 疆	Xinjiang	0.02	177	9.5		42

资料来源：农业农村部。

Source: Ministry of Agriculture and Rural Affairs.

10-3 各地区农用化肥施用情况(2022年)
Irrigated Area of Cultivated Land and Consumption of Chemical Fertilizers by Region (2022)

地 区	Region	农用化肥施用量(万吨) Consumption of Chemical Fertilizers (10 000 tons)	氮 肥 Nitrogenous Fertilizer	磷 肥 Phosphate Fertilizer	钾 肥 Potash Fertilizer	复合肥 Compound Fertilizer
全 国	**National Total**	**5079.2**	**1654.2**	**563.2**	**493.2**	**2368.7**
北 京	Beijing	6.6	2.0	0.3	0.3	3.9
天 津	Tianjin	15.5	4.6	1.6	1.1	8.2
河 北	Hebei	271.6	92.4	21.5	19.3	138.4
山 西	Shanxi	103.5	18.5	8.2	7.4	69.5
内蒙古	Inner Mongolia	227.4	75.8	20.3	15.8	115.5
辽 宁	Liaoning	130.5	40.6	7.9	10.1	71.9
吉 林	Jilin	222.7	40.9	4.8	11.8	165.2
黑龙江	Heilongjiang	238.5	76.1	47.3	32.5	82.5
上 海	Shanghai	6.6	2.4	0.3	0.1	3.7
江 苏	Jiangsu	270.1	126.9	24.3	14.7	104.3
浙 江	Zhejiang	67.0	21.7	3.5	4.9	36.8
安 徽	Anhui	280.2	71.2	13.4	15.9	179.7
福 建	Fujian	92.1	32.4	12.5	17.8	29.4
江 西	Jiangxi	107.7	27.7	13.6	14.8	51.7
山 东	Shandong	362.1	98.2	30.7	28.1	205.1
河 南	Henan	595.3	157.6	71.8	47.6	318.3
湖 北	Hubei	258.0	88.9	34.2	22.7	112.2
湖 南	Hunan	215.9	66.5	17.4	31.4	100.5
广 东	Guangdong	208.7	78.3	25.2	40.2	65.1
广 西	Guangxi	249.2	65.7	26.8	50.1	106.7
海 南	Hainan	38.6	10.2	2.6	7.1	18.7
重 庆	Chongqing	88.7	42.1	15.3	5.2	26.1
四 川	Sichuan	204.4	76.4	32.1	14.3	81.5
贵 州	Guizhou	75.4	30.5	8.3	6.7	29.9
云 南	Yunnan	183.4	83.1	24.2	20.8	55.3
西 藏	Tibet	2.8	0.8	0.5	0.1	1.4
陕 西	Shaanxi	194.2	73.4	17.2	19.8	83.8
甘 肃	Gansu	77.1	29.7	14.3	7.4	25.7
青 海	Qinghai	4.7	1.9	0.5	0.1	2.2
宁 夏	Ningxia	36.9	13.7	4.0	2.7	16.5
新 疆	Xinjiang	243.7	103.8	58.6	22.5	58.7

资料来源：国家统计局(下表同)。
Source: National Bureau of Statistics (the same as in the following table).

10–4 各地区农用塑料薄膜和农药使用量情况(2022年)
Use of Agricultural Plastic Film and Pesticide by Region (2022)

地 区	Region	农用塑料薄膜使用量 (吨) Use of Agricultural Plastic Film (ton)	地膜使用量 (吨) Use of Plastic Film for Covering Plants (ton)	地膜覆盖面积 (公顷) Area Covered by Plastic Film (hectare)	农药使用量 (吨) Use of Pesticide (ton)
全 国	**National Total**	**2375432**	**1342047**	**17470890**	**1190478**
北 京	Beijing	7093	1676	9774	2107
天 津	Tianjin	6618	2316	29404	1752
河 北	Hebei	100607	48134	731271	51108
山 西	Shanxi	48798	31613	636358	22871
内蒙古	Inner Mongolia	115397	101551	1901068	25277
辽 宁	Liaoning	113430	39322	295683	42072
吉 林	Jilin	46496	23618	158164	43701
黑龙江	Heilongjiang	58232	17423	182628	55231
上 海	Shanghai	11930	3039	12043	2268
江 苏	Jiangsu	102451	32432	474461	61468
浙 江	Zhejiang	69025	19413	119419	32837
安 徽	Anhui	102246	40957	440682	73031
福 建	Fujian	46707	25198	126219	39845
江 西	Jiangxi	53892	32014	134183	50565
山 东	Shandong	253827	86070	1519349	104975
河 南	Henan	139972	58755	793768	91884
湖 北	Hubei	56596	21051	376616	85457
湖 南	Hunan	73837	41719	518972	82380
广 东	Guangdong	45278	25100	142284	76043
广 西	Guangxi	46321	30912	403623	61812
海 南	Hainan	35475	17639	62321	17631
重 庆	Chongqing	40780	22080	229279	15975
四 川	Sichuan	115195	75081	825063	40155
贵 州	Guizhou	38770	21672	365489	6748
云 南	Yunnan	113186	89982	1091622	40933
西 藏	Tibet	1745	1277	4837	425
陕 西	Shaanxi	46304	21408	410467	11482
甘 肃	Gansu	178066	126350	1432066	27327
青 海	Qinghai	6968	6141	67326	999
宁 夏	Ningxia	21165	16641	230168	2170
新 疆	Xinjiang	279024	261464	3746284	19947

附录一、资源环境
主要统计指标

APPENDIX Ⅰ
Main Indicators of Resource & Environment Statistics

附录1　资源环境主要统计指标
Main Indicators of Resources & Environment Statistics

指　　标	Indicator	2020	2021	2022
1.土地资源	**Land Resource**			
耕地面积　(万公顷)	Cultivated Land　(10 000 hectares)	12743.7	12751.7	12758.0
人均耕地面积　(亩)	Cultivated Land per Capita　(mu)	1.35	1.35	1.36
2.水资源	**Water Resource**			
水资源总量　(亿立方米)	Water Resources　(100 million cu.m)	31605.2	29638.2	27088.1
人均水资源量　(立方米/人)	Per Capita Water Resources　(cu.m/person)	2239.8	2098.5	1918.2
用水总量　(亿立方米)	Water Use　(100 million cu.m)	5812.9	5920.2	5998.2
#工业用水量	Industry	1030.4	1049.6	968.4
人均用水量　(立方米/人)	Per Capita Water Use　(cu.m/person)	411.9	419.2	424.7
3.能源	**Energy**			
一次能源生产总量　(万吨标准煤)	Total Primary Energy Production　(10 000 tce)	407295	427115	463808
人均能源生产量(千克标准煤/人)	Per Capita Energy Production　(kgce/person)	2886	3024	3284
能源消费总量　(万吨标准煤)	Total Energy Consumption　(10 000 tce)	498314	525896	540956
人均能源消费量(千克标准煤/人)	Per Capita Energy Consumption　(kgce/person)	3531	3724	3831
能源生产弹性系数	Elasticity Ratio of Energy Production	1.14	0.58	2.87
能源消费弹性系数	Elasticity Ratio of Energy Consumption	0.96	0.65	0.97
电力生产弹性系数	Elasticity Ratio of Electricity Production	1.68	1.15	1.23
电力消费弹性系数	Elasticity Ratio of Electricity Consumption	1.68	1.17	1.23
万元国内生产总值能源消费量　(吨标准煤/万元)	Energy Consumption per 10000 yuan of GDP　(tce/10 000 yuan)	0.49	0.48	0.48
4.污染物排放	**Pollutant Discharge**			
化学需氧量排放量　(万吨)	COD Discharge　(10 000 tons)	2636.8	2614.7	2595.8
氨氮排放量　(万吨)	Ammonia Nitrogen Discharge　(10 000 tons)	99.3	87.7	82.0
二氧化硫排放量　(万吨)	Sulphur Dioxide Emission　(10 000 tons)	318.2	274.8	243.5
氮氧化物排放量　(万吨)	Nitrogen Oxides Emission　(10 000 tons)	1019.7	988.4	895.7
一般工业固体废物综合利用量　(万吨)	Common Industry Solid Wastes Utilized　(10 000 tons)	203798	226659	237025
城市生活垃圾清运量　(万吨)	Volume of Domestic Garbage Collected and Transported　(10 000 tons)	23512	24869	24445

注：2020—2022年万元国内生产总值能源消费量按2020年可比价国内生产总值计算。
Notes: The energy consumption per 10000 yuan of GDP are calculated at 2020 constant prices in 2020-2022.

附录二、东中西部地区主要环境指标

APPENDIX II
Main Environmental Indicators by Eastern, Central & Western

附录2-1 东中西部地区水资源情况(2022年)
Water Resources by Eastern,Central & Western (2022)

单位：亿立方米 (100 million cu.m)

区域 Area	地区	Region	水资源总量 Total Amount of Water Resources	地表水 Surface Water Resources	地下水 Ground Water Resources	地表水与地下水重复量 Duplicated Amount of Surface Water and Groundwater	人均水资源量(立方米/人) Water Resources per Capita (cu.m/person)
	全国	**National Total**	**27088.1**	**25984.4**	**7924.4**	**6820.7**	**1918.2**
东部 Eastern	**东部小计**	**Eastern Total**	**5659.5**	**5328.6**	**1681.4**	**1350.5**	**1000.1**
	北京	Beijing	23.7	7.4	26.8	10.5	108.4
	天津	Tianjin	16.6	11.0	6.8	1.2	121.3
	河北	Hebei	188.0	88.5	152.8	53.3	252.9
	上海	Shanghai	33.1	27.6	8.4	2.9	133.4
	江苏	Jiangsu	192.8	142.5	102.7	52.4	226.6
	浙江	Zhejiang	934.3	918.0	208.3	192.0	1424.6
	福建	Fujian	1174.7	1173.1	303.7	302.1	2805.3
	山东	Shandong	508.9	391.1	225.4	107.6	500.6
	广东	Guangdong	2223.6	2213.3	546.2	535.9	1754.9
	海南	Hainan	363.8	356.1	100.3	92.6	3554.5
中部 Central	**中部小计**	**Central Total**	**4902.3**	**4658.0**	**1450.0**	**1205.7**	**1344.9**
	山西	Shanxi	153.5	108.2	112.6	67.3	441.0
	安徽	Anhui	545.2	476.7	159.0	90.5	890.8
	江西	Jiangxi	1556.2	1533.6	363.7	341.1	3441.0
	河南	Heinan	249.4	172.2	140.4	63.2	252.5
	湖北	Hubei	714.2	690.1	258.1	234.0	1223.6
	湖南	Hunan	1683.8	1677.2	416.2	409.6	2546.2
西部 Western	**西部小计**	**Western Total**	**14340.8**	**14087.5**	**4139.0**	**3885.7**	**3745.0**
	内蒙古	Inner Mongolia	509.2	365.9	223.1	79.8	2121.2
	广西	Guangxi	2208.5	2207.6	436.9	436.0	4380.2
	重庆	Chongqing	373.5	373.5	82.6	82.6	1162.6
	四川	Sichuan	2209.2	2207.8	547.2	545.8	2638.5
	贵州	Guizhou	912.4	912.4	246.5	246.5	2367.4
	云南	Yunnan	1742.8	1742.8	602.6	602.6	3714.8
	西藏	Tibet	4139.7	4139.7	928.1	928.1	113416.4
	陕西	Shaanxi	365.8	330.6	139.9	104.7	924.9
	甘肃	Gansu	231.0	221.6	112.7	103.3	927.3
	青海	Qinghai	725.7	707.5	319.8	301.6	12206.9
	宁夏	Ningxia	8.9	7.1	15.3	13.5	122.5
	新疆	Xinjiang	914.1	871.0	484.3	441.2	3532.1
东北 Northeast	**东北小计**	**Northeast Total**	**2185.3**	**1910.4**	**654.0**	**379.1**	**2256.0**
	辽宁	Liaoning	561.7	513.8	154.3	106.4	1333.3
	吉林	Jilin	705.1	625.2	192.6	112.7	2985.8
	黑龙江	Heilongjiang	918.5	771.4	307.1	160.0	2951.5

资料来源：水利部。
Source:Ministry of Water Resource.

附录2-2 东中西部地区废水排放情况(2022年)
Discharge of Waste Water by Eastern, Central & Western (2022)

单位：吨 (ton)

区域 Area	地区 Region	化学需氧量排放总量 COD Discharged	工业 Industry	农业 Agriculture	生活 Domestic	集中式污染治理设施 Centralized Pollution Control Facilities
	全 国 National Total	**25958408**	**368778**	**17857066**	**7721771**	**10792**
	东部小计 Eastern Total	**7225441**	**207448**	**4240483**	**2776132**	**1378**
	北 京 Beijing	44834	1335	11770	31711	19
	天 津 Tianjin	155365	2301	126643	26405	16
	河 北 Hebei	1527761	10377	1206756	310521	107
	上 海 Shanghai	77724	7941	8535	61117	131
东 部 Eastern	江 苏 Jiangsu	1240065	54204	760719	424894	249
	浙 江 Zhejiang	468657	40930	87485	339974	269
	福 建 Fujian	563196	15840	210510	336651	195
	山 东 Shandong	1420555	36953	939430	444072	100
	广 东 Guangdong	1544620	33794	780559	730003	265
	海 南 Hainan	182665	3774	108078	70785	28
	中部小计 Central Total	**8086135**	**66624**	**5766792**	**2251772**	**947**
	山 西 Shanxi	681429	3547	513601	164073	207
	安 徽 Anhui	1345953	12224	883384	450271	74
中 部 Central	江 西 Jiangxi	1076185	15888	719042	341052	202
	河 南 Heinan	1847950	12571	1314273	520962	144
	湖 北 Hubei	1540824	11531	1104885	424297	110
	湖 南 Hunan	1593795	10862	1231607	351117	209
	西部小计 Western Total	**7657837**	**72949**	**5298605**	**2281928**	**4356**
	内蒙古 Inner Mongolia	791370	4750	673143	113390	87
	广 西 Guangxi	922694	15369	520013	386668	644
	重 庆 Chongqing	325723	7751	196862	120996	115
	四 川 Sichuan	1268793	14693	721122	532636	342
	贵 州 Guizhou	1179538	3172	938892	237188	286
西 部 Western	云 南 Yunnan	658676	7625	419848	230363	841
	西 藏 Tibet	132808	91	94940	37700	77
	陕 西 Shaanxi	453029	6537	189036	256188	1268
	甘 肃 Gansu	683112	2306	584743	95529	534
	青 海 Qinghai	293731	1552	222195	69922	62
	宁 夏 Ningxia	257644	2275	228353	26974	43
	新 疆 Xinjiang	690718	6829	509459	174373	58
	东北小计 Northeast Total	**2988994**	**21757**	**2551186**	**411939**	**4111**
东 北 Northeast	辽 宁 Liaoning	1214518	10160	1031597	168986	3774
	吉 林 Jilin	887126	5618	768318	112967	223
	黑龙江 Heilongjiang	887350	5979	751271	129985	114

资料来源：生态环境部(以下各表同)。
Source:Ministry of Ecology and Environment (the same as in the following tables).

附录2-2 续表 continued

单位：吨 (ton)

区 域 Area	地 区 Region		氨氮排放总量 Ammona Nitrogen Discharged	工业 Industry	农业 Agriculture	生活 Domestic	集中式污染治理设施 Centralized Pollution Control Facilities
	全 国	**National Total**	**820341**	**13621**	**280577**	**525012**	**1131**
	东部小计	**Eastern Total**	**271589**	**6072**	**84048**	**181347**	**122**
	北 京	Beijing	2040	23	188	1828	1
	天 津	Tianjin	2124	51	1194	877	3
	河 北	Hebei	33102	418	15068	17610	6
	上 海	Shanghai	2660	199	271	2188	2
东 部	江 苏	Jiangsu	40120	1920	16172	22016	13
Eastern	浙 江	Zhejiang	28683	535	6011	22115	23
	福 建	Fujian	36313	529	11666	24088	30
	山 东	Shandong	44870	1106	15507	28252	5
	广 东	Guangdong	74958	1187	16193	57545	33
	海 南	Hainan	6718	105	1779	4829	5
	中部小计	**Central Total**	**260257**	**3357**	**104447**	**152293**	**159**
	山 西	Shanxi	14688	119	6110	8444	15
	安 徽	Anhui	43081	557	18474	24036	14
中 部	江 西	Jiangxi	43705	1056	16380	26222	47
Central	河 南	Heinan	46613	563	17168	28853	29
	湖 北	Hubei	54991	611	21053	33313	14
	湖 南	Hunan	57179	451	25262	31427	40
	西部小计	**Western Total**	**248206**	**3204**	**67054**	**177370**	**579**
	内 蒙 古	Inner Mongolia	15702	246	9064	6379	13
	广 西	Guangxi	47908	495	15824	31443	146
	重 庆	Chongqing	17549	288	3633	13621	7
	四 川	Sichuan	58002	738	10915	46293	57
	贵 州	Guizhou	23744	255	6965	16471	53
西 部	云 南	Yunnan	21971	330	6914	14630	97
Western	西 藏	Tibet	3665	3	396	3249	17
	陕 西	Shaanxi	23813	281	2156	21256	121
	甘 肃	Gansu	5435	125	3134	2127	49
	青 海	Qinghai	5985	75	1224	4676	10
	宁 夏	Ningxia	2064	63	1126	868	6
	新 疆	Xinjiang	22367	305	5701	16358	4
	东北小计	**Northeast Total**	**40289**	**988**	**25029**	**14002**	**271**
东 北	辽 宁	Liaoning	15449	322	9016	5901	211
Northeast	吉 林	Jilin	11595	239	7059	4258	39
	黑 龙 江	Heilongjiang	13245	427	8954	3843	21

附录2-3 东中西部地区废气排放情况(2022年)
Emission of Waste Gas by Eastern,Central & Western (2022)

单位：吨 (ton)

区 域 Area	地 区 Region		二氧化硫排放总量 Total Volume of Sulphur Dioxide Emission	工业 Industry	生活及其他 Domestic and Other	集中式污染治理设施 Centralized Pollution Control Facilities
	全 国	**National Total**	**2435242**	**1834938**	**597065**	**3239**
	东部小计	**Eastern Total**	**573623**	**485151**	**87285**	**1187**
东 部 Eastern	北 京	Beijing	1078	799	278	1
	天 津	Tianjin	6455	6227	209	19
	河 北	Hebei	146246	124402	21713	132
	上 海	Shanghai	6708	6530	163	15
	江 苏	Jiangsu	74834	71112	3304	418
	浙 江	Zhejiang	40572	39605	795	172
	福 建	Fujian	60020	52159	7812	49
	山 东	Shandong	145926	108334	37498	94
	广 东	Guangdong	88217	72418	15512	287
	海 南	Hainan	3567	3566	0	1
	中部小计	**Central Total**	**489215**	**356394**	**132068**	**753**
中 部 Central	山 西	Shanxi	128523	90866	37625	32
	安 徽	Anhui	71108	68570	2432	106
	江 西	Jiangxi	76023	59634	16289	100
	河 南	Heinan	58925	53005	5905	14
	湖 北	Hubei	85044	46243	38770	31
	湖 南	Hunan	69592	38076	31047	469
	西部小计	**Western Total**	**1084150**	**828765**	**254549**	**837**
西 部 Western	内 蒙 古	Inner Mongolia	202704	147641	55022	41
	广 西	Guangxi	61635	57136	4438	61
	重 庆	Chongqing	45947	36837	9077	33
	四 川	Sichuan	122221	91560	30616	45
	贵 州	Guizhou	122506	90098	32252	156
	云 南	Yunnan	184629	116326	68199	103
	西 藏	Tibet	2684	981	1703	0
	陕 西	Shaanxi	67222	46177	20730	315
	甘 肃	Gansu	76675	60367	16288	19
	青 海	Qinghai	41039	39748	1288	3
	宁 夏	Ningxia	54846	53188	1657	1
	新 疆	Xinjiang	102044	88706	13278	60
	东北小计	**Northeast Total**	**288254**	**164628**	**123163**	**463**
东 北 Northeast	辽 宁	Liaoning	130542	82831	47357	354
	吉 林	Jilin	55121	35552	19490	79
	黑 龙 江	Heilongjiang	102592	46245	56316	30

附录2−3 续表 1 continued 1

单位：吨 (ton)

区域 Area	地区 Region		氮氧化物 排放总量 Nitrogen Oxides Emission	工业 Industry	生活及其他 Domestic and Other	机动车 Motor Vehicle	集中式污染治理设施 Centralized Pollution Control Facilities
	全　国	**National Total**	**8957397**	**3332578**	**338840**	**5266782**	**19198**
东部 Eastern	**东部小计**	**Eastern Total**	**3483162**	**1117208**	**87420**	**2270705**	**7830**
	北　京	Beijing	74180	9765	8600	55803	12
	天　津	Tianjin	88416	21223	3026	64040	126
	河　北	Zhejiang	754485	242541	25193	486153	598
	上　海	Shanghai	125531	21535	4585	98988	424
	江　苏	Jiangsu	449976	148895	7801	290536	2745
	浙　江	Zhejiang	357072	110248	2665	243071	1087
	福　建	Fujian	221215	125055	3300	92569	291
	山　东	Shandong	769622	223622	19880	525696	424
	广　东	Guangdong	607732	200374	11548	393692	2119
	海　南	Hainan	34932	13950	822	20157	3
中部 Central	**中部小计**	**Central Total**	**1998990**	**675145**	**61670**	**1258643**	**3532**
	山　西	Shanxi	387238	153194	15493	218481	69
	安　徽	Anhui	359448	126356	9442	223160	490
	江　西	Jiangxi	276520	123106	5489	147673	252
	河　南	Heinan	443282	94924	7063	341169	126
	湖　北	Hubei	304315	98467	12798	192677	373
	湖　南	Hunan	228188	79098	11385	135484	2221
西部 Western	**西部小计**	**Western Total**	**2484338**	**1187343**	**129585**	**1162286**	**5124**
	内蒙古	Inner Mongolia	395264	232220	33166	129553	325
	广　西	Guangxi	240711	125466	1808	112387	1050
	重　庆	Chongqing	152997	60859	7226	84722	191
	四　川	Sichuan	310677	133841	20978	155670	188
	贵　州	Guizhou	206949	97781	5145	102818	1205
	云　南	Yunnan	275789	123138	13954	138312	385
	西　藏	Tibet	45231	3838	353	41040	1
	陕　西	Shaanxi	227762	92738	14718	119018	1288
	甘　肃	Gansu	179379	79559	9713	90016	91
	青　海	Qinghai	61920	24090	5112	32700	17
	宁　夏	Ningxia	135255	76601	2459	56184	12
	新　疆	Xinjiang	252403	137212	14953	99867	371
东北 Northeast	**东北小计**	**Northeast Total**	**990907**	**352883**	**60165**	**575148**	**2712**
	辽　宁	Liaoning	523852	184480	17256	319899	2217
	吉　林	Jilin	200658	78527	10475	111283	373
	黑龙江	Heilongjiang	266397	89876	32433	143965	122

附录2-3　续表 2　continued 2

单位：吨　(ton)

区　域 Area	地　区 Region		颗粒物排放总量 Particulate Matter Emission	工业 Industry	生活及其他 Domestic and Other	机动车 Motor Vehicle	集中式污染治理设施 Centralized Pollution Control Facilities
	全　国	**National Total**	**4933809**	**3056954**	**1823435**	**52561**	**858**
	东部小计	**Eastern Total**	**827389**	**513847**	**293132**	**20012**	**398**
	北　京	Beijing	4124	1622	2146	355	1
	天　津	Tianjin	9032	6070	2338	618	6
	河　北	Zhejiang	236524	123246	109749	3499	30
	上　海	Shanghai	8295	6521	1057	710	7
东　部	江　苏	Jiangsu	90945	74530	13787	2497	131
Eastern	浙　江	Zhejiang	66079	61288	2490	2217	84
	福　建	Fujian	79780	63064	15768	927	22
	山　东	Shandong	191116	85391	100799	4895	31
	广　东	Guangdong	134007	85063	44922	3936	86
	海　南	Hainan	7486	7051	75	359	1
	中部小计	**Central Total**	**795793**	**464115**	**319263**	**12280**	**136**
	山　西	Shanxi	266318	169855	94529	1928	6
	安　徽	Anhui	97320	70534	24909	1847	30
中　部	江　西	Jiangxi	106840	72564	32751	1495	30
Central	河　南	Heinan	69346	54457	11271	3611	6
	湖　北	Hubei	127030	47210	77927	1855	38
	湖　南	Hunan	128940	49495	77875	1544	26
	西部小计	**Western Total**	**2579283**	**1835437**	**732423**	**11188**	**234**
	内蒙古	Inner Mongolia	993007	716102	275370	1526	10
	广　西	Guangxi	71119	60825	8951	1302	41
	重　庆	Chongqing	49564	37556	11231	753	25
	四　川	Sichuan	151907	101971	48538	1384	14
	贵　州	Guizhou	92644	55501	35945	1165	33
西　部	云　南	Yunnan	244311	129183	113797	1306	25
Western	西　藏	Tibet	7337	4135	2626	576	1
	陕　西	Shaanxi	210823	150124	59969	691	38
	甘　肃	Gansu	121391	54917	65382	1087	6
	青　海	Qinghai	49877	36480	13204	190	2
	宁　夏	Ningxia	58264	49515	8426	320	2
	新　疆	Xinjiang	529040	439130	88985	887	38
	东北小计	**Northeast Total**	**731344**	**243555**	**478618**	**9081**	**90**
东　北	辽　宁	Liaoning	217709	94000	118776	4864	70
Northeast	吉　林	Jilin	166050	86536	78131	1368	15
	黑龙江	Heilongjiang	347585	63019	281711	2849	6

附录2-4 东中西部地区固体废物产生和利用情况(2022年)
Generation and Utilization of Solid Wastes by Eastern,Central & Western (2022)

单位：万吨 (10 000 tons)

区域 Area	地区 Region		一般工业固体废物产生量 Common Industrial Solid Wastes Generated	一般工业固体废物综合利用量 Common Industrial Solid Wastes Utilized	一般工业固体废物处置量 Common Industrial Solid Wastes Disposed	危险废物产生量 Hazardous Wastes Generated	危险废物利用处置量 Hazardous Wastes Utilized and Disposed
	全国	**National Total**	**411371**	**237025**	**88761**	**9514.8**	**9443.9**
东部 Eastern	**东部小计**	**Eastern Total**	**101618**	**75757**	**11479**	**3898.1**	**3934.6**
	北京	Beijing	171	143	28	27.1	27.3
	天津	Tianjin	1946	1936	10	82.7	82.8
	河北	Hebei	37092	20457	6775	543.8	549.3
	上海	Shanghai	2084	1961	124	140.4	140.4
	江苏	Jiangsu	13278	12364	947	646.5	648.4
	浙江	Zhejiang	5503	5494	23	594.6	597.5
	福建	Fujian	6618	5671	731	180.9	178.4
	山东	Shandong	25787	20079	1744	1109.0	1135.9
	广东	Guangdong	8423	7135	900	546.4	548.1
	海南	Hainan	714	517	196	26.8	26.5
中部 Central	**中部小计**	**Central Total**	**108323**	**65323**	**27332**	**1599.0**	**1591.3**
	山西	Shanxi	48014	18743	23287	383.4	381.6
	安徽	Anhui	15164	14159	526	239.7	238.0
	江西	Jiangxi	12714	6286	675	203.8	207.9
	河南	Heinan	17854	14558	1427	342.4	330.6
	湖北	Hubei	9786	7847	871	175.6	176.6
	湖南	Hunan	4790	3729	546	254.0	256.7
西部 Western	**西部小计**	**Western Total**	**160120**	**77050**	**39109**	**3455.6**	**3360.5**
	内蒙古	Inner Mongolia	41323	16753	15662	678.5	684.1
	广西	Guangxi	10282	5227	1181	406.9	406.7
	重庆	Chongqing	2472	1971	373	109.6	111.2
	四川	Sichuan	15127	6798	2517	529.5	534.1
	贵州	Guizhou	11497	7569	1975	94.7	92.4
	云南	Yunnan	16923	9292	4224	317.4	316.1
	西藏	Tibet	6467	452	7	0.1	0.1
	陕西	Shaanxi	13745	7206	5197	200.9	236.4
	甘肃	Gansu	7002	3077	2387	192.4	186.4
	青海	Qinghai	16663	9387	193	319.4	176.9
	宁夏	Ningxia	7888	4598	2994	127.6	131.5
	新疆	Xinjiang	10730	4720	2397	478.6	484.3
东北 Northeast	**东北小计**	**Northeast Total**	**41310**	**18896**	**10841**	**562.1**	**557.5**
	辽宁	Liaoning	26372	12177	8531	221.8	206.1
	吉林	Jilin	4820	2609	1460	247.1	247.1
	黑龙江	Heilongjiang	10118	4110	850	93.3	104.3

附录2-5 东中西部地区城镇环境基础设施建设投资情况(2022年)
Investment in Urban Environmental Infrastructure by Eastern,Central & Western (2022)

单位：万元 (10 000 yuan)

区 域 Area	地 区 Region	投资总额 Total Investment	燃气 Gas Supply	集中供热 Central Heating	排水 Sewerage Projects	园林绿化 Gardening and Greening	市容环境卫生 Sanitation
	全 国 National Total	**59720096**	**3705109**	**5170758**	**26768035**	**17001551**	**7074643**
	东部小计 Eastern Total	**25076986**	**1587157**	**1923580**	**11523181**	**7499835**	**2543233**
东 部 Eastern	北 京 Beijing	2102139	133714	272665	589126	886889	219745
	天 津 Tianjin	431324	61425	64774	172831	87110	45184
	河 北 Hebei	4348887	126699	718968	1532616	1193719	776885
	上 海 Shanghai	1285980	81492		699266	443304	61918
	江 苏 Jiangsu	4494340	335883	24160	2344367	1513761	276169
	浙 江 Zhejiang	2920527	133447	9736	1191624	1367856	217864
	福 建 Fujian	1546462	114075		767319	428846	236222
	山 东 Shandong	5006220	308966	833277	2294020	1289097	280860
	广 东 Guangdong	2667768	287478		1789034	169837	421419
	海 南 Hainan	273339	3978		142978	119416	6967
	中部小计 Central Total	**15819298**	**911916**	**1215959**	**6765622**	**4785349**	**2140452**
中 部 Central	山 西 Shanxi	1915690	121296	813788	524438	328428	127740
	安 徽 Anhui	3338553	270248	45994	1767768	808923	445620
	江 西 Jiangxi	2371807	124041	200	1074073	886105	287388
	河 南 Heinan	4179505	106480	300590	1228887	1883480	660068
	湖 北 Hubei	2611841	151408	51087	1210247	717572	481527
	湖 南 Hunan	1401902	138443	4300	960209	160841	138109
	西部小计 Western Total	**16451389**	**809139**	**1487887**	**7592460**	**4426484**	**2135419**
西 部 Western	内蒙古 Inner Mongolia	1064205	74253	363623	303293	224301	98735
	广 西 Guangxi	940362	46606		510272	215868	167616
	重 庆 Chongqing	2013705	37322		677251	1121690	177442
	四 川 Sichuan	5270269	247876	31578	2749688	1468460	772667
	贵 州 Guizhou	1100422	153789	4444	609869	60129	272191
	云 南 Yunnan	1405456	53806		991977	267406	92267
	西 藏 Tibet	71048	1600	24236	29989	2406	12817
	陕 西 Shaanxi	2245542	131474	266936	983259	618623	245250
	甘 肃 Gansu	1042426	25445	359103	350189	196921	110768
	青 海 Qinghai	173914	4936	42010	94387	17900	14681
	宁 夏 Ningxia	191619	3048	44142	88217	27146	29066
	新 疆 Xinjiang	932421	28984	351815	204069	205634	141919
	东北小计 Northeast Total	**2372423**	**396897**	**543332**	**886772**	**289883**	**255539**
东 北 Northeast	辽 宁 Liaoning	803336	196736	199492	171849	46474	188785
	吉 林 Jilin	650899	74398	91793	303805	168453	12450
	黑龙江 Heilongjiang	918188	125763	252047	411118	74956	54304

资料来源：生态环境部、住房和城乡建设部。
Source: Ministry of Ecology and Environment, Ministry of Housing and Urban-Rural Development.

附录2−6 东中西部地区城市环境情况(2022年)
Urban Environment by Eastern,Central & Western (2022)

区 域 Area	地 区 Region		城市污水排放量(万立方米) Waste Water Discharged (10 000 cu.m)	城市污水处理率(%) Waste Water Treatment Rate (%)	城市燃气普及率(%) Gas Coverage Rate (%)	生活垃圾无害化处理率(%) Rate of Domestic Garbage Harmless Treatment (%)
	全　国	**National Total**	**6389707**	**98.1**	**98.1**	**99.9**
	东部小计	**Eastern Total**	**3196469**	**98.3**	**99.5**	**99.9**
	北　京	Beijing	212346	98.1	100.0	100.0
	天　津	Tianjin	114459	98.4	100.0	100.0
	河　北	Hebei	183612	99.1	99.5	100.0
	上　海	Shanghai	219737	98.0	100.0	98.4
东 部	江　苏	Jiangsu	525717	97.4	99.9	100.0
Eastern	浙　江	Zhejiang	395453	98.1	100.0	100.0
	福　建	Fujian	171902	98.6	99.7	100.0
	山　东	Shandong	369891	98.5	99.5	100.0
	广　东	Guangdong	958060	98.5	98.6	100.0
	海　南	Hainan	45292	99.2	99.5	100.0
	中部小计	**Central Total**	**1317500**	**98.2**	**98.6**	**99.9**
	山　西	Shanxi	109735	98.5	97.6	100.0
	安　徽	Anhui	227265	98.1	99.4	100.0
中 部	江　西	Jiangxi	134537	97.6	98.8	100.0
Central	河　南	Heinan	260026	99.5	98.2	99.7
	湖　北	Hubei	321542	97.6	99.5	100.0
	湖　南	Hunan	264396	98.2	97.7	100.0
	西部小计	**Western Total**	**1267546**	**97.7**	**95.2**	**100.0**
	内 蒙 古	Inner Mongolia	64568	97.6	98.0	100.0
	广　西	Guangxi	176310	98.8	99.4	100.0
	重　庆	Chongqing	155510	98.4	98.8	100.0
	四　川	Sichuan	310905	96.2	96.6	100.0
	贵　州	Guizhou	81265	98.9	93.3	99.9
西 部	云　南	Yunnan	124374	99.0	71.8	99.9
Western	西　藏	Tibet	9767	96.6	74.3	99.8
	陕　西	Shaanxi	172906	97.1	99.0	100.0
	甘　肃	Gansu	46479	97.8	96.9	100.0
	青　海	Qinghai	18614	95.9	94.7	99.5
	宁　夏	Ningxia	29147	99.0	98.5	100.0
	新　疆	Xinjiang	77701	98.1	98.6	100.0
	东北小计	**Northeast Total**	**608192**	**97.8**	**96.2**	**99.8**
东 北	辽　宁	Liaoning	334822	98.0	97.7	99.6
Northeast	吉　林	Jilin	139950	97.8	96.5	100.0
	黑 龙 江	Heilongjiang	133420	97.0	93.2	100.0

资料来源：住房和城乡建设部。
Source:Ministry of Housing and Urban-Rural Derelopment.

附录三、世界主要国家和地区环境统计指标

APPENDIX III
Main Environmental Indicators of the World's Major Countries and Regions

附录3-1 水资源

国家或地区	Country or Region	最近年份 Latest Year Available	降水量（百万立方米） Precipitation (million cu.m)
阿尔巴尼亚	Albania	2019	36423
阿尔及利亚	Algeria	2017	330957
安道尔	Andorra	2019	551
安圭拉	Anguilla	2009	71
安提瓜和巴布达	Antigua and Barbuda	2019	276
亚美尼亚	Armenia	2019	13371
奥地利	Austria	2018	
阿塞拜疆	Azerbaijan	2019	33895
孟加拉国	Bangladesh	2015	410245
巴巴多斯	Barbados	1996	656
白俄罗斯	Belarus	2019	119200
比利时	Belgium	2019	25773
伯利兹	Belize	2005	49017
贝宁	Benin	2018	7052
百慕大	Bermuda	2019	75
玻利维亚	Bolivia (Plurinational State of)	2019	0
波黑	Bosnia and Herzegovina	2019	49252
博茨瓦纳	Botswana	2013	415355
巴西	Brazil	2017	13876311
英属维尔京群岛	British Virgin Islands	2005	163
保加利亚	Bulgaria	2019	63437
喀麦隆	Cameroon	2009	785944
中非共和国	Central African Republic	2007	900370
智利	Chile	1990	
中国香港	China, Hong Kong SAR	2015	2058
中国澳门	China, Macao SAR	2015	41
哥伦比亚	Colombia	2016	10
哥斯达黎加	Costa Rica	2017	157436
科特迪瓦	Côte d'Ivoire	1990	420000
克罗地亚	Croatia	2019	63712
古巴	Cuba	2017	163527
库拉索	Curaçao	2017	519
塞浦路斯	Cyprus	2019	4782
捷克	Czechia	2019	49609

资料来源：联合国统计司环境统计数据库。
Sources:UNSD Environment Statistics Data.

Water Resources

实际蒸发散量（百万立方米） Actual Evapotranspiration (million cu.m)	径流量（百万立方米） Internal Flow (million cu.m)	从邻国流入的地表和地下水径流量（百万立方米） Inflow of Surface and Ground Waters from Neighbouring Countries (million cu.m)	可再生淡水资源量（百万立方米） Renewable Fresh Water Resources (million cu.m)
19304	17119	16932	34051
185	367	44	411
10285	3086	1303	4389
39949	51128	20211	
29042	4853	11371	16224
74095	336150	1145000	1481150
96500	22700	14600	37300
15809	9963	14963	25056
36045	12972		12972
51	24		3
24984	24268	2000	26268
8998700	4877612	2715714	7593325
51917	11521	73349	84870
	940250		
1039	1020		1020
	10		
47609	109827		109827
40353	23359	86235	109594
96617	66910	20	66930
			519
4304	478		478
38883	10726	405	11131

附录3-1　续表 1

国家或地区	Country or Region	最近年份 Latest Year Available	降水量 (百万立方米) Precipitation (million cu.m)
刚果	Democratic Republic of the Congo	2017	1110
丹麦	Denmark	2009	31588
多米尼加	Dominican Republic	2019	14884
厄瓜多尔	Ecuador		
埃及	Egypt	2015	1300
萨尔瓦多	El Salvador	2019	36542
爱沙尼亚	Estonia	2019	30284
芬兰	Finland	2019	239499
法国	France	2019	526594
冈比亚	Gambia		
格鲁吉亚	Georgia	2019	57979
德国	Germany	2018	
几内亚	Guinea		
匈牙利	Hungary	2019	58235
冰岛	Iceland		
印度	India	2013	4085000
印度尼西亚	Indonesia	2019	4067980
伊拉克	Iraq	2019	
爱尔兰	Ireland	2019	96163
牙买加	Jamaica	2017	23708
约旦	Jordan	2019	
哈萨克斯坦	Kazakhstan	2019	722099
科威特	Kuwait	2017	52
吉尔吉斯斯坦	Kyrgyzstan	2012	12506
拉脱维亚	Latvia	2019	41054
黎巴嫩	Lebanon	2009	8600
立陶宛	Lithuania	2019	40500
莱索托	Luxembourg		
马达加斯加	Madagascar	2007	888191
马来西亚	Malaysia	2019	881204
马尔代夫	Maldives	2012	502
马里	Mali	2017	403498
马耳他	Malta	2019	173
毛里求斯	Mauritius	2019	4267
摩纳哥	Monaco	2017	1
摩洛哥	Morocco	2019	72420
瑙鲁	Nauru	2015	89
尼泊尔	Nepal	2019	259335
荷兰	Netherlands	2019	32400

continued 1

实际蒸发散量 (百万立方米) Actual Evapotranspiration (million cu.m)	径流量 (百万立方米) Internal Flow (million cu.m)	从邻国流入的地表和地下水径流量 (百万立方米) Inflow of Surface and Ground Waters from Neighbouring Countries (million cu.m)	可再生淡水资源量 (百万立方米) Renewable Fresh Water Resources (million cu.m)
	1300	55500	56800
26284	10258	6129	16387
17176	13108	7713	20821
128600	110899	3886	114785
299237	227357	12091	239448
27822	30157		
175200			115800
55482	2753	100781	103534
		93510	
38465	57698		
656999	65100	42500	107600
7	45		45
			30674
25533	15521	11343	26864
4500	4100		4100
38922	1578	6778	8356
551191	337000		337000
334865	68633	55074	13559
86	86		86
1280	2987		2987
58953	13467		13467
53	35		35
23979	8420	70513	78933

附录3-1　续表 2

国家或地区	Country or Region	最近年份 Latest Year Available	降水量 (百万立方米) Precipitation (million cu.m)
尼日尔	Niger	2012	604486
挪威	Norway	2019	394550
阿曼	Oman	2017	15841
巴拿马	Panama	2019	188107
巴拉圭	Paraguay	2017	697115
菲律宾	Philippines	2015	538835
波兰	Poland	2019	181028
葡萄牙	Portugal	2017	46770
卡塔尔	Qatar	2019	810
罗马尼亚	Romania	2019	144154
罗马尼亚	Russian Federation	2019	
卢旺达	Rwanda	2012	32414
圣基茨和尼维斯	Saint Kitts and Nevis	2012	173
塞内加尔	Senegal	2017	
塞尔维亚	Serbia	2019	50445
新加坡	Singapore	2019	1368
斯洛伐克	Slovakia	2019	41564
斯洛文尼亚	Slovenia	2019	25485
西班牙	Spain	2017	240235
瑞典	Sweden	2019	367414
瑞士	Switzerland	2019	56276
叙利亚	Syrian Arab Republic	2007	39131
泰国	Thailand	2014	
多哥	Togo	2012	
特立尼达和多巴哥	Trinidad and Tobago	2006	10883
突尼斯	Tunisia	2013	18360
土耳其	Turkey	2019	458412
乌克兰	Ukraine	2019	303585
阿拉伯联合酋长国	United Arab Emirates	2019	4368
英国	United Kingdom	2012	
坦桑尼亚	United Republic of Tanzania	2016	817311
赞比亚	Zambia	2012	1034
津巴布韦	Zimbabwe	2017	372899

continued 2

实际蒸发散量（百万立方米） Actual Evapotranspiration (million cu.m)	径流量（百万立方米） Internal Flow (million cu.m)	从邻国流入的地表和地下水径流量（百万立方米） Inflow of Surface and Ground Waters from Neighbouring Countries (million cu.m)	可再生淡水资源量（百万立方米） Renewable Fresh Water Resources (million cu.m)
159861	234689	8540.1	243229
12553	3288	7.0	3295
76260	111847	3512	115359
485512	211603		
145229	35799	5407	41206
51301	-4531	21652	17121
720	89		259
107297	36858	337	37195
	4060600	230300	4290900
			27300
39688	10757	144331	155089
23387	18177	63800	81977
12741	12744		
237157	122865		122865
171609	182734	14108	196842
19620	36655	9647	46302
33653	5478	9734	15212
			285227
			11500
6530	4353		4353
16539	1821		1821
139959			
44	990		
325945	46954	20779	67734

附录3-2 淡水资源(2020年)

国家或地区	Country or Region	淡水抽取量（亿立方米）Total Freshwater Withdrawals (100 million cu.m)	人均可再生淡水资源（立方米）Renewable Internal Freshwater Resources per Capita (cu.m)
阿富汗	Afghanistan	202.8	1210
阿尔巴尼亚	Albania	7.9	9479
阿尔及利亚	Algeria	98.0	259
美属萨摩亚	American Samoa		
安道尔	Andorra		4062
安哥拉	Angola	7.1	4427
安提瓜和巴布达	Antigua and Barbuda	0.0	561
阿根廷	Argentina	376.9	6435
亚美尼亚	Armenia	28.3	2445
荷兰	Aruba		
澳大利亚	Australia	86.4	19177
奥地利	Austria	34.9	6168
阿塞拜疆	Azerbaijan	125.9	804
巴哈马	Bahamas		1722
巴林	Bahrain	1.6	3
孟加拉国	Bangladesh	358.7	627
巴巴多斯	Barbados	0.7	285
白俄罗斯	Belarus	13.3	3625
比利时	Belgium	42.0	1040
伯利兹	Belize	1.0	38641
贝宁	Benin	1.3	815
百慕大	Bermuda		
不丹	Bhutan	3.4	100970
玻利维亚	Bolivia	20.9	25427
波黑	Bosnia and Herzegovina	3.0	10698
博茨瓦纳	Botswana	2.2	943
巴西	Brazil	671.9	26553
文莱	Brunei Darussalam	0.9	19243
保加利亚	Bulgaria	50.8	3029
布基纳法索	Burkina Faso	8.2	581
布隆迪	Burundi	2.8	823
佛得角	Cabo Verde	0.3	515
柬埔寨	Cambodia	21.8	7355
喀麦隆	Cameroon	10.9	10305
加拿大	Canada	362.5	74986
开曼群岛	Cayman Islands		
中非	Central African Republic	0.7	26390
乍得	Chad	8.8	901
海峡群岛	Channel Islands		
智利	Chile	353.7	45854
哥伦比亚	Colombia	291.2	42116
科摩罗	Comoros	0.1	1489
刚果民主共和国	Congo, Dem. Rep.	6.8	9693
刚果	Congo, Rep.	0.5	38933
哥斯达黎加	Costa Rica	31.4	22057
科特迪瓦	Côte d'Ivoire	11.6	2866
克罗地亚	Croatia	6.7	9314
古巴	Cuba	69.6	3373
库拉索岛	Curaçao		

资料来源：世界银行WDI数据库。

Source: World Bank WDI Database.

Freshwater (2020)

年度淡水抽取量 Freshwater Withdrawals (%)			
占水资源总量的比重 As Percentage of Internal Resources	农业用水 Percentage of Agriculture	工业用水 Percentage of Industry	生活用水 Percentage of Domestic
43.0	98	1	1
2.9	69	2	29
87.2	64	2	34
0.5	21	34	45
8.5	16	22	63
12.9	74	11	15
41.3	70	7	23
1.8	62	21	17
6.3	2	77	21
155.1	92	5	3
3877.5	33	3	63
34.2	88	2	10
87.5	68	8	25
3.9	28	31	41
35.0	1	81	17
0.7	68	21	11
1.3	25	13	62
0.4	94	1	5
0.7	92	2	7
0.8			
9.2	37	13	50
1.2	62	14	24
1.1	6		165
24.2	15	69	17
6.5	51	3	46
2.8	79	5	15
8.4	93	1	6
1.8	94	2	4
0.4	68	10	23
1.3	11	76	13
0.1	1	17	83
5.9	76	12	12
4.0	91	5	4
1.4	86	1	13
0.8	47	5	48
0.1	11	21	68
0.0	4	26	69
2.8	66	7	26
1.5	52	21	28
1.8	6	57	37
18.3	65	11	24

附录3-2 续表 1

国家或地区	Country or Region	淡水抽取量 (亿立方米) Total Freshwater Withdrawals (100 million cu.m)	人均可再生淡水资源 (立方米) Renewable Internal Freshwater Resources per Capita (cu.m)
塞浦路斯	Cyprus	2.8	630
捷克	Czech Republic	13.7	1229
丹麦	Denmark	9.8	1029
吉布提	Djibouti	0.2	275
多米尼加	Dominica	0.2	2778
多米尼加共和国	Dominican Republic	71.4	2136
厄瓜多尔	Ecuador	99.2	25153
埃及	Egypt, Arab Rep.	775.0	9
萨尔瓦多	El Salvador	3.9	2484
赤道几内亚	Equatorial Guinea	0.2	16290
厄立特里亚	Eritrea	5.8	787
爱沙尼亚	Estonia	8.5	9560
埃塞俄比亚	Ethiopia	105.5	1041
法罗群岛	Faroe Islands		
斐济	Fiji	0.8	31018
芬兰	Finland	30.0	19351
法国	France	262.7	2960
法属波利尼西亚	French Polynesia		
加蓬	Gabon	1.4	71535
冈比亚	Gambia	1.0	1166
格鲁吉亚	Georgia	16.5	15615
德国	Germany	244.4	1287
加纳	Ghana	14.5	942
希腊	Greece	101.2	5421
格陵兰	Greenland		
格林纳达	Grenada	0.1	1617
关岛	Guam		
危地马拉	Guatemala	33.2	6478
几内亚	Guinea	8.9	17115
几内亚比绍	Guinea-Bissau	1.8	7937
圭亚那	Guyana	14.4	302307
海地	Haiti	14.5	1150
洪都拉斯	Honduras	16.1	8957
匈牙利	Hungary	46.7	615
冰岛	Iceland	2.9	463894
印度	India	6475.0	1036
印度尼西亚	Indonesia	2226.4	7426
伊朗	Iran, Islamic Rep.	929.5	1472
伊拉克	Iraq	566.1	827
爱尔兰	Ireland	15.4	9829
马恩岛	Isle of Man		
以色列	Israel	12.8	81
意大利	Italy	336.5	3070
牙买加	Jamaica	13.5	3837
日本	Japan	784.0	3406
约旦	Jordan	9.4	62
哈萨克斯坦	Kazakhstan	245.9	3431
肯尼亚	Kenya	40.3	398
基里巴斯	Kiribati		
朝鲜	Korea, Dem. People's Rep.	86.6	2590
韩国	Korea, Rep.	292.0	1251
科索沃	Kosovo		
科威特	Kuwait	7.7	0

continued 1

年度淡水抽取量 Freshwater Withdrawals (%)			
占水资源总量的比重 As Percentage of Internal Resources	农业用水 Percentage of Agriculture	工业用水 Percentage of Industry	生活用水 Percentage of Domestic
35.3	63	6	37
10.4	3	51	46
16.3	54	5	41
6.3	16	0	84
10.0	5	0	95
30.4	83	7	9
2.2	81	6	13
7750.0	79	7	14
2.5	68	10	22
0.1	5	15	80
20.8	95	0	5
6.7	1	92	7
8.6	92	0	8
0.3	59	11	30
2.8	29	57	14
13.1	12	68	20
0.1	29	10	61
3.4	39	21	41
2.8	43	21	37
22.8	1	62	37
4.8	73	6	20
17.5	80	3	17
7.0	15	0	85
3.0	57	18	25
0.4	67	7	26
1.1	76	6	18
0.6	94	1	4
11.1	83	4	13
1.8	73	7	20
77.9	12	74	14
0.2	0	71	29
44.8	90	2	7
11.0	85	4	11
72.3	92	1	7
160.8	78	10	12
3.1	2	34	64
170.1	52	5	43
18.4	50	23	27
12.5	8	81	10
18.2	68	13	19
138.1	52	3	45
38.2	63	18	19
19.5	80	8	12
12.9	76	13	10
45.0	59	16	25
	62	2	36

附录3-2　续表 2

国家或地区	Country or Region	淡水抽取量（亿立方米）Total Freshwater Withdrawals (100 million cu.m)	人均可再生淡水资源（立方米）Renewable Internal Freshwater Resources per Capita (cu.m)
吉尔吉斯斯坦	Kyrgyz Republic	77.1	7436
老挝	Lao PDR	73.5	26013
拉脱维亚	Latvia	1.8	8914
黎巴嫩	Lebanon	18.1	848
莱索托	Lesotho	0.4	2320
利比里亚	Liberia	1.5	39311
利比亚	Libya	57.2	105
列支敦士登	Liechtenstein		
立陶宛	Lithuania	2.5	5532
卢森堡	Luxembourg	0.5	1586
马达加斯加	Madagascar	134.6	11940
马拉维	Malawi	13.6	833
马来西亚	Malaysia	67.1	17470
马尔代夫	Maldives	0.0	58
马里	Mali	51.9	2827
马耳他	Malta	0.4	98
马绍尔群岛	Marshall Islands		
毛里塔尼亚	Mauritania	13.5	89
毛里求斯	Mauritius	6.1	2173
墨西哥	Mexico	895.5	3246
密克罗尼西亚	Micronesia, Fed. Sts.		
摩尔多瓦	Moldova	8.5	615
摩纳哥	Monaco	0.1	
蒙古	Mongolia	4.6	10564
黑山	Montenegro	1.6	
摩洛哥	Morocco	105.7	790
莫桑比克	Mozambique	14.7	3217
缅甸	Myanmar	332.3	18771
纳米比亚	Namibia	2.8	2475
尼泊尔	Nepal	95.0	6753
荷兰	Netherlands	83.1	631
新喀里多尼亚	New Caledonia		
新西兰	New Zealand	98.8	64241
尼加拉瓜	Nicaragua	12.7	23122
尼日尔	Niger	25.8	144
尼日利亚	Nigeria	124.7	1061
北马其顿	North Macedonia	16.0	2606
挪威	Norway	26.9	71011
阿曼	Oman	16.3	308
巴基斯坦	Pakistan	1895.9	242
帕劳	Palau		
巴拿马	Panama	12.1	31809
巴布亚新几内亚	Papua New Guinea	3.9	82157
巴拉圭	Paraguay	24.1	17677
秘鲁	Peru	385.5	49272
菲律宾	Philippines	858.7	4270
波兰	Poland	86.7	1414
葡萄牙	Portugal	61.3	3690
波多黎各	Puerto Rico	8.8	2164
卡塔尔	Qatar	2.5	20
罗马尼亚	Romania	64.2	2200
俄罗斯联邦	Russian Federation	648.2	29929
卢旺达	Rwanda	6.1	723

continued 2

年度淡水抽取量 Freshwater Withdrawals (%)			
占水资源总量的比重 As Percentage of Internal Resources	农业用水 Percentage of Agriculture	工业用水 Percentage of Industry	生活用水 Percentage of Domestic
15.8	93	4	3
3.9	96	2	2
1.1	31	21	49
37.8	38	49	13
0.8	9	46	46
0.1	8	37	55
817.1	83	5	12
1.6	22	24	54
4.8	0	0	100
4.0	96	1	3
8.4	86	4	11
1.2	46	30	24
15.7	0	5	95
8.6	98	0	2
81.9	38	2	60
337.0	91	2	7
22.1	50	1	48
21.9	76	10	15
52.2	7	73	20
	0	0	100
1.3	54	36	10
	1	39	60
36.5	88	2	10
1.5	73	2	25
3.3	89	1	10
4.6	70	5	25
4.8	98	0	2
75.5	4	72	25
3.0	66	24	10
0.8	85	0	15
73.8	91	1	7
5.6	44	16	40
29.6	30	5	65
0.7	31	40	29
116.7	81	12	7
344.7	94	1	5
0.9	37	1	63
0.0	0	43	57
2.1	79	6	15
2.3	85	9	6
17.9	79	12	9
16.2	15	64	21
16.1	56	30	14
12.3	3	72	24
446.4	36	4	59
15.1	22	61	17
1.5	29	45	26
6.4	60	2	38

附录3-2 续表 3

国家或地区	Country or Region	淡水抽取量（亿立方米）Total Freshwater Withdrawals (100 million cu.m)	人均可再生淡水资源（立方米）Renewable Internal Freshwater Resources per Capita (cu.m)
萨摩亚	Samoa		
圣马力诺	San Marino		
圣多美和普林西比	Sao Tome and Principe	0.4	9971
沙特阿拉伯	Saudi Arabia	233.8	67
塞内加尔	Senegal	30.6	1570
塞尔维亚	Serbia	53.2	1219
塞舌尔	Seychelles	0.1	
塞拉利昂	Sierra Leone	2.1	19432
新加坡	Singapore	5.0	106
圣马丁岛(荷兰部分)	Sint Maarten (Dutch part)		
斯洛伐克共和国	Slovak Republic	5.6	2308
斯洛文尼亚	Slovenia	10.0	8880
所罗门群岛	Solomon Islands		64671
索马里	Somalia	33.0	363
南非	South Africa	203.1	762
南苏丹	South Sudan	6.6	2451
西班牙	Spain	290.2	2348
斯里兰卡	Sri Lanka	129.5	2409
圣基茨岛和尼维斯	St. Kitts and Nevis	0.1	504
圣露西亚	St. Lucia	0.4	1674
圣马丁(法国部分)	St. Martin (French part)		
圣文森特和格林纳丁斯	St. Vincent and the Grenadines	0.1	956
苏丹	Sudan	269.4	90
苏里南	Suriname	6.2	163080
瑞典	Sweden	24.8	16516
瑞士	Switzerland	17.0	4677
叙利亚	Syrian Arab Republic	139.6	343
塔吉克斯坦	Tajikistan	106.0	6650
坦桑尼亚	Tanzania	51.8	1361
泰国	Thailand	573.1	3141
东帝汶	Timor-Leste	11.7	6319
多哥	Togo	2.2	1362
汤加	Tonga		
特立尼达和多巴哥	Trinidad and Tobago	3.4	2529
突尼斯	Tunisia	38.6	345
土耳其	Turkey	615.3	2698
土库曼斯坦	Turkmenistan	262.5	225
特克斯和凯科斯群岛	Turks and Caicos Islands		
图瓦卢	Tuvalu		
乌干达	Uganda	6.4	878
乌克兰	Ukraine	94.6	1249
阿拉伯联合酋长国	United Arab Emirates	23.8	16
英国	United Kingdom	84.2	2162
美国	United States	4444.0	8500
乌拉圭	Uruguay	36.6	26888
乌兹别克斯坦	Uzbekistan	589.0	477
瓦努阿图	Vanuatu		32084
委内瑞拉	Venezuela, RB	226.2	28255
越南	Vietnam	818.6	3719
维尔京群岛(美国)	Virgin Islands (U.S.)		
也门	Yemen, Rep.	35.7	65
赞比亚	Zambia	15.7	4237
津巴布韦	Zimbabwe	37.7	782

continued 3

年度淡水抽取量 Freshwater Withdrawals (%)			
占水资源总量的比重 As Percentage of Internal Resources	农业用水 Percentage of Agriculture	工业用水 Percentage of Industry	生活用水 Percentage of Domestic
1.9	63	1	36
974.2	82	5	13
11.9	91	0	9
63.3	12	75	13
	7	28	66
0.1	22	26	52
83.1	4	51	45
4.4	5	42	53
5.4	0	83	17
55.0	99	0	0
45.3	62	21	16
2.5	36	34	29
26.1	65	19	16
24.5	87	6	6
50.8	1	0	99
14.3	71	0	29
7.9	0	0	100
673.4	96	0	4
0.6	70	22	8
1.5	4	51	28
4.2	9	36	55
195.8	88	4	9
16.7	75	16	9
6.2	89	0	10
25.5	90	5	5
14.3	91	0	8
1.9	34	3	63
8.8	4	34	62
92.1	76	2	23
27.1	87	2	11
1868.0	61	3	2
1.6	41	8	51
17.2	31	41	28
1587.3	46	1	53
5.8	14	12	74
15.8	40	47	13
4.0	87	2	11
360.5	92	4	4
2.8	74	4	23
22.8	95	4	1
169.8	91	2	7
2.0	73	8	18
30.8	81	2	17

附录3-3 供 水

国家或地区	Country or Region	最近年份 Latest Year Available	淡水供应量（百万立方米） Net Freshwater Supplied by Water Supply Industry (million cu.m)
阿尔巴尼亚	Albania	2019	198
阿尔及利亚	Algeria	2015	3548
安道尔	Andorra	2019	
安哥拉	Angola	2011	
安提瓜和巴布达	Antigua and Barbuda	2019	5
亚美尼亚	Armenia	2019	134
澳大利亚	Australia	2019	3721
奥地利	Austria	2016	
阿塞拜疆	Azerbaijan	2019	330
巴林	Bahrain	2017	262
孟加拉国	Bangladesh	2015	776
白俄罗斯	Belarus	2019	449
比利时	Belgium	2018	569
伯利兹	Belize	2019	
百慕大	Bermuda	2017	3
玻利维亚	Bolivia (Plurinational State of)	2019	
波黑	Bosnia and Herzegovina	2019	
博茨瓦纳	Botswana	2016	72
巴西	Brazil	2019	
保加利亚	Bulgaria	2018	386
布隆迪	Burundi	2017	27
佛得角	Cabo Verde	2019	
加拿大	Canada	2017	4067
开曼群岛	Cayman Islands	2015	4
中国香港	China, Hong Kong SAR	2015	973
中国澳门	China, Macao SAR	2015	85
哥伦比亚	Colombia	2016	3129
哥斯达黎加	Costa Rica	2017	289
克罗地亚	Croatia	2019	260
古巴	Cuba	2017	910
塞浦路斯	Cyprus	2019	94
捷克	Czechia	2019	493
丹麦	Denmark	2019	354
厄瓜多尔	Ecuador	2018	1306
埃及	Egypt	2015	6129

资料来源：联合国统计司环境统计数据库。
Sources:UNSD Environment Statistics Data.

Water Supply Industry

人均淡水供应量 (立方米/人) Net Freshwater Supplied by Water Supply Industry per Capita (cu.m/person)	供水受益率 (%) Total Population Supplied by Water Supply Industry (%)	受益人口人均淡水供应量 (立方米/人) Net Freshwater Supplied by Water Supply Industry per Capita Connected (cu.m/person)
69	78.0	88
89	98.0	91
	100.0	
	15.3	
56		
71	96.1	74
148		
	92.0	
33	71.0	46
174	99.7	175
5		51
48	96.1	50
49	99.0	50
	74.8	
41	19.0	217
	86.4	
	70.0	
33		
	83.7	
55	100.0	55
2		
	84.7	
111		
63		
135	100.0	58
141	100.0	
65		
58	95.2	61
63	93.0	68
80	95.6	84
78	100.0	78
46	95.0	49
61		
66	98.0	

附录3−3　续表 1

国家或地区	Country or Region	最近年份 Latest Year Available	淡水供应量（百万立方米） Net Freshwater Supplied by Water Supply Industry (million cu.m)
爱沙尼亚	Estonia	2019	53
斐济	Fiji	2017	75069
芬兰	Finland	2014	
法国	France	2013	
法属圭亚那	French Guiana	2018	16
法属波利尼西亚	French Polynesia	2017	
冈比亚	Gambia	2019	274
格鲁吉亚	Georgia	2016	4161
希腊	Greece	2019	1291
瓜德卢普	Guadeloupe	2018	46
危地马拉	Guatemala	2011	
几内亚	Guinea	2016	
圭亚那	Guyana	2012	127
匈牙利	Hungary	2019	463
印度尼西亚	Indonesia	2018	3750
伊朗	Iran (Islamic Republic of)	2019	
伊拉克	Iraq	2019	4177
爱尔兰	Ireland	2011	669
意大利	Italy	2018	4749
牙买加	Jamaica	2017	87
日本	Japan	2012	80500
约旦	Jordan	2017	949
哈萨克斯坦	Kazakhstan	2019	2099
科威特	Kuwait	2015	640
吉尔吉斯斯坦	Kyrgyzstan	2017	5072
拉脱维亚	Latvia	2019	97
立陶宛	Lithuania	2019	109
莱索托	Luxembourg	2015	
马拉维	Malawi	2016	26
马来西亚	Malaysia	2019	4175
马尔代夫	Maldives	2015	6
马里	Mali	2017	11402
马耳他	Malta	2019	31
马提尼克	Martinique	2018	29
毛里求斯	Mauritius	2019	125
墨西哥	Mexico	2019	13151
摩纳哥	Monaco	2017	5
黑山	Montenegro	2011	50
摩洛哥	Morocco	2014	
荷兰	Netherlands	2019	1130

continued 1

人均淡水供应量 （立方米/人） Net Freshwater Supplied by Water Supply Industry per Capita (cu.m/person)	供水受益率 (%) Total Population Supplied by Water Supply Industry (%)	受益人口人均淡水供应量 （立方米/人） Net Freshwater Supplied by Water Supply Industry per Capita Connected (cu.m/person)
40	83.0	48
85553		
	94.0	
	99.0	
55		
	89.0	
74	67.7	109
51	99.0	51
123		
115		
	74.9	
	48.0	
170		
48	100.0	48
	96.1	
108	83.0	130
146		
78		
30		
631		
94		
113	93.7	121
167	100.0	
819		
51		
39	83.0	48
	100.0	
2		
128	95.8	134
13		
616	68.0	906
70	100.0	70
77		
99	99.7	99
103		
123	100.0	123
79		
	83.0	
66		

附录3-3 续表 2

国家或地区	Country or Region	最近年份 Latest Year Available	淡水供应量（百万立方米） Net Freshwater Supplied by Water Supply Industry (million cu.m)
新喀里多尼亚	New Caledonia	2018	
尼日尔	Niger	2012	52
北马其顿	North Macedonia	2017	3
挪威	Norway	2019	509
帕劳	Palau	2016	8
巴拿马	Panama	2019	433
巴拉圭	Paraguay	2017	
秘鲁	Peru	2019	
波兰	Poland	2019	1676
葡萄牙	Portugal	2018	663
卡塔尔	Qatar	2019	
韩国	Republic of Korea	2018	7508
摩尔多瓦	Republic of Moldova	2019	101
罗马尼亚	Romania	2019	780
罗马尼亚	Russian Federation	2017	9080
卢旺达	Rwanda	2012	20
萨摩亚	Samoa	2018	21
沙特阿拉伯	Saudi Arabia	2019	
塞内加尔	Senegal	2017	150
塞尔维亚	Serbia	2019	436
新加坡	Singapore	2019	664
斯洛伐克	Slovakia	2019	293
斯洛文尼亚	Slovenia	2019	117
南非	South Africa	2012	14647
西班牙	Spain	2018	3583
巴勒斯坦	State of Palestine	2015	
苏丹	Sudan	2011	
苏里南	Suriname	2019	50
瑞典	Sweden	2015	690
瑞士	Switzerland	2019	815
泰国	Thailand	2014	4206
特立尼达和多巴哥	Trinidad and Tobago	2016	
突尼斯	Tunisia	2015	
土耳其	Turkey	2018	4320
乌克兰	Ukraine	2012	2806
阿拉伯联合酋长国	United Arab Emirates	2019	1692
英国	United Kingdom	2011	3958
坦桑尼亚	United Republic of Tanzania	2013	
乌兹别克斯坦	Uzbekistan	2019	1570
越南	Viet Nam	2012	
也门	Yemen	2013	99
津巴布韦	Zimbabwe	2017	3820

continued 2

人均淡水供应量 （立方米/人） Net Freshwater Supplied by Water Supply Industry per Capita (cu.m/person)	供水受益率 (%) Total Population Supplied by Water Supply Industry (%)	受益人口人均淡水供应量 （立方米/人） Net Freshwater Supplied by Water Supply Industry per Capita Connected (cu.m/person)
	97.0	
3		
1		
95	89.0	106
438		
103	95.1	108
	80.9	73
	90.8	
44	92.0	48
65	93.0	69
	100.0	
147		
38	81.6	47
40	71.0	57
6		
2		
107		
	99.8	
10	48.6	167
50		
165	100.0	165
54	90.0	60
56		
273	93.8	282
77	100.0	77
	94.9	
	60.5	
84		
71	88.0	80
95		
61		
	96.9	
	97.6	
52	99.0	53
62		
178	100.0	178
60		
	55.6	
48	76.6	62
	32.0	
7	18.6	123
268		

附录3-4 氮氧化物排放

NO_x Emissions

国家或地区	Country or Region	最近年份 Latest Year Available	氮氧化物排放量（千吨） NO_x Emissions (1 000 tons)	比1990年增减（%） Percentage Change since 1990 (%)	人均氮氧化物排放量（千克） NO_x Emissions per Capita (kilogram)
阿富汗	Afghanistan	2013	66.00		2.05
阿尔巴尼亚	Albania	2009	48.49	171.70	16.31
阿尔及利亚	Algeria	2000	280.33		9.03
安哥拉	Angola	2005	151.32		7.79
安提瓜和巴布达	Antigua and Barbuda	2000	2.27		29.87
阿根廷	Argentina	2012	1007.23	97.78	24.12
亚美尼亚	Armenia	2010	17.21	-77.53	5.98
澳大利亚	Australia	2018	2721.85	67.93	109.32
奥地利	Austria	2018	149.00	-31.14	16.76
阿塞拜疆	Azerbaijan	2012	4.00	4900.00	0.43
巴林	Bahrain	2000	52.00		78.24
孟加拉国	Bangladesh	2005	3.95		0.03
巴巴多斯	Barbados	1997	0.05	-97.90	0.19
白俄罗斯	Belarus	2018	2.33	69.41	0.25
比利时	Belgium	2018	167.05	-60.62	14.55
伯利兹	Belize	2009	0.03		0.10
贝宁	Benin	2000	24.96		3.64
不丹	Bhutan	2000	1.77		2.99
玻利维亚	Bolivia (Plurinational State of)	2004	13.42	-63.74	1.48
波黑	Bosnia and Herzegovina	2014	79.00	-4.90	22.69
博茨瓦纳	Botswana	2015	8.43		3.97
巴西	Brazil	2015	2077.60	77.50	10.16
保加利亚	Bulgaria	2018	121.98	-52.60	17.30
布基纳法索	Burkina Faso	2007	6.05		0.42
布隆迪	Burundi	1998	12.44		2.01
佛得角	Cabo Verde	2000	2.03		4.73
柬埔寨	Cambodia	2000	25.08		2.06
喀麦隆	Cameroon	2000	111.00		7.15
中非共和国	Central African Republic	2010	0.30		0.07
乍得	Chad	2003	9.67		1.03
智利	Chile	2016	297.50	128.67	16.34
哥伦比亚	Colombia	2004	332.01	43.03	7.89
科摩罗	Comoros	2000	0.62		1.15
刚果	Congo	2000	11.62		3.72
哥斯达黎加	Costa Rica	2005	25.18	-17.70	5.87
科特迪瓦	Cote d'Ivoire	2000	276.22		16.79
克罗地亚	Croatia	2018	45.92	-54.44	11.05

资料来源：联合国统计司环境统计数据库。
Sources:UNSD Environment Statistics Data.

附录3-4 续表 1 continued 1

国家或地区	Country or Region	最近年份 Latest Year Available	氮氧化物排放量(千吨) NO_x Emissions (1 000 tons)	比1990年增减(%) Percentage Change since 1990 (%)	人均氮氧化物排放量(千克) NO_x Emissions per Capita (kilogram)
古巴	Cuba	2002	83.82	-40.00	7.48
塞浦路斯	Cyprus	2018	14.80	-12.89	12.45
捷克	Czech Republic	2018	160.87	-77.89	15.08
朝鲜	Democratic People's Republic of Korea	2002	159.00	-65.36	6.81
刚果民主共和国	Democratic Republic of the Congo	2003	749.82		14.58
丹麦	Denmark	2018	108.86	-64.36	18.93
吉布提	Djibouti	2000	1.89		2.63
多米尼加	Dominica	2005	0.63		8.93
多米尼加共和国	Dominican Republic	2010	7.48	-86.18	0.77
厄瓜多尔	Ecuador	2012	229.31	78.96	14.82
埃及	Egypt	2005	399.42		5.29
萨尔瓦多	El Salvador	2005	39.47		6.52
厄立特里亚	Eritrea	2000	5.00		2.18
爱沙尼亚	Estonia	2018	42.15	-55.89	31.86
斯威士兰	Eswatini	1994	19.88		21.90
埃塞俄比亚	Ethiopia	2013	52.44	-66.81	0.55
斐济	Fiji	2004	11.49		14.05
芬兰	Finland	2018	119.80	-59.84	21.69
法国	France	2018	871.52	-58.77	13.41
加蓬	Gabon	2000	7.54		6.14
冈比亚	Gambia	2000	3.84		2.92
格鲁吉亚	Georgia	2013	47.11	-63.33	11.64
德国	Germany	2018	1197.59	-58.52	14.41
加纳	Ghana	2000	50.06		2.60
希腊	Greece	2018	169.19	-46.35	16.08
危地马拉	Guatemala	2005	92.93	118.27	7.10
几内亚	Guinea	2000	21.00		2.55
几内亚比绍	Guinea-Bissau	2010	7.06		4.64
圭亚那	Guyana	2004	15.00	0.00	20.11
海地	Haiti	2000	14.69		1.74
洪都拉斯	Honduras	2000	33.22		5.05
匈牙利	Hungary	2018	119.14	-51.39	12.27
冰岛	Iceland	2018	21.90	-29.10	65.05
印度尼西亚	Indonesia	2000	84.67	386.33	0.40
伊朗	Iran (Islamic Republic of)	2000	600.76		9.15
爱尔兰	Ireland	2018	108.51	-37.18	22.52
以色列	Israel	2018	94.68		11.30
意大利	Italy	2018	672.30	-68.39	11.09
牙买加	Jamaica	2012	43.97		15.47
日本	Japan	2018	1316.62	-33.40	10.35
约旦	Jordan	2006	116.00		19.36
哈萨克斯坦	Kazakhstan	2018	653.88	-8.36	35.69
肯尼亚	Kenya	2010	178.00		4.24
基里巴斯	Kiribati	1994	0.00		0.00
科威特	Kuwait	1994	113.00		68.10

附录3-4 续表 2 continued 2

国家或地区	Country or Region	最近年份 Latest Year Available	氮氧化物排放量（千吨） NO_x Emissions (1 000 tons)	比1990年增减（%） Percentage Change since 1990 (%)	人均氮氧化物排放量（千克） NO_x Emissions per Capita (kilogram)
吉尔吉斯斯坦	Kyrgyzstan	2010	31.66	-59.76	5.84
老挝	Lao People's Dem. Rep.	2000	7.87	88.28	1.48
拉脱维亚	Latvia	2018	33.85	-64.61	17.55
黎巴嫩	Lebanon	2013	88.67		15.00
莱索托	Lesotho	1994	5.05		2.71
利比里亚	Liberia	2000	1.00		0.35
立陶宛	Lithuania	2018	56.23	-63.93	20.07
卢森堡	Luxembourg	2018	19.74	-51.90	32.66
马达加斯加	Madagascar	2010	34.90		1.65
马拉维	Malawi	1994	26.27	-8.47	2.70
马来西亚	Malaysia	2011	1.04		0.04
马里	Mali	2010	8.79		0.58
马耳他	Malta	2018	4.52	-39.22	10.28
马绍尔群岛	Marshall Islands	2010	0.59		10.39
毛里塔尼亚	Mauritania	2000	10.31		3.92
毛里求斯	Mauritius	2005	13.69		11.20
密克罗尼西亚	Micronesia (Federated States of)	2000	1.26		11.69
摩纳哥	Monaco	2018	0.14	-74.59	3.73
蒙古	Mongolia	1998	2.98	29.57	1.27
黑山	Montenegro	2011	10.15	32.48	16.23
摩洛哥	Morocco	2012	326.56		9.82
莫桑比克	Mozambique	1994	93.10	22.60	6.23
缅甸	Myanmar	2005	0.03		0.00
纳米比亚	Namibia	2000	41.20		22.96
瑙鲁	Nauru	2010	0.15		14.98
尼泊尔	Nepal	2000	67.00		2.80
荷兰	Netherlands	2018	211.61	-63.96	12.40
新西兰	New Zealand	2018	168.34	65.52	35.49
尼加拉瓜	Nicaragua	2000	69.62		13.73
尼日尔	Niger	2008	24.00		1.57
尼日利亚	Nigeria	2000	1005.00		8.22
纽埃岛	Niue	2009	0.06		34.59
北马其顿	North Macedonia	2009	34.07	-17.74	16.46
挪威	Norway	2018	163.49	-18.92	30.63
阿曼	Oman	1994	0.22		0.10
帕劳	Palau	2005	0.01		0.26
巴拿马	Panama	2000	33.69		11.12
巴布亚新几内亚	Papua New Guinea	2000	18.23		3.12
巴拉圭	Paraguay	2012	62.17	-21.34	9.68
秘鲁	Peru	1994	138.46		5.81
菲律宾	Philippines	1994	316.80		4.65
波兰	Poland	2017	803.65	-26.24	21.17
葡萄牙	Portugal	2018	152.38	-39.30	14.86
卡塔尔	Qatar	2007	175.69		144.19
摩尔多瓦	Republic of Moldova	2013	36.34	-73.55	8.92

附录3-4　续表 3　continued 3

国家或地区	Country or Region	最近年份 Latest Year Available	氮氧化物排放量（千吨）NO_x Emissions (1 000 tons)	比1990年增减（%）Percentage Change since 1990 (%)	人均氮氧化物排放量（千克）NO_x Emissions per Capita (kilogram)
罗马尼亚	Romania	2018	204.04	-57.89	10.46
俄罗斯联邦	Russian Federation	2018	4549.64	-43.17	31.22
卢旺达	Rwanda	2005	14.20		1.61
圣卢西亚	Saint Lucia	2010	2.70		15.51
圣文森特和格林纳丁斯	Saint Vincent and the Grenadines	2004	1.35	-95.32	12.40
萨摩亚	Samoa	1994	0.97		5.75
圣马力诺	San Marino	2010	1.81		57.97
圣多美和普林西比	Sao Tome and Principe	2012	0.75		4.00
塞内加尔	Senegal	2005	34.57		3.12
塞尔维亚	Serbia	1998	164.00	-20.88	16.93
塞舌尔	Seychelles	2000	1.15		14.20
斯洛伐克	Slovakia	2018	66.06	-50.89	12.11
斯洛文尼亚	Slovenia	2018	33.80	-53.10	16.27
所罗门群岛	Solomon Islands	2000	1.08		2.61
南苏丹	South Sudan	2015	62.04		5.79
西班牙	Spain	2018	772.60	-45.64	16.55
斯里兰卡	Sri Lanka	2000	83.68		4.46
苏丹	Sudan	2000	97.00		3.56
苏里南	Suriname	2003	9.00		18.44
瑞典	Sweden	2018	126.86	-54.22	12.72
瑞士	Switzerland	2018	64.29	-55.40	7.54
塔吉克斯坦	Tajikistan	2010	6.00	-91.89	0.80
泰国	Thailand	2013	1346.90		19.77
东帝汶	Timor-Leste	2010	1.82		1.66
多哥	Togo	2005	19.68		3.51
汤加	Tonga	2006	0.79		7.76
特立尼达和多巴哥	Trinidad and Tobago	1990	36.56	0.00	29.94
突尼斯	Tunisia	2000	94.87		9.77
土耳其	Turkey	2018	782.80	207.74	9.51
土库曼斯坦	Turkmenistan	2010	169.59		33.34
图瓦卢	Tuvalu	2014	0.10		8.78
乌干达	Uganda	2000	71.77		3.03
乌克兰	Ukraine	2018	590.11	-74.05	13.34
阿拉伯联合酋长国	United Arab Emirates	2005	332.00		72.36
英国	United Kingdom	2018	833.30	-72.99	12.41
坦桑尼亚	United Republic of Tanzania	1994	161.34	2.97	5.60
美国	United States of America	2018	8583.10	-60.47	26.24
乌拉圭	Uruguay	2017	57.30	28.71	16.67
乌兹别克斯坦	Uzbekistan	2012	275.62	-33.07	9.36
瓦努阿图	Vanuatu	2000	0.44		2.38
委内瑞拉	Venezuela (Bolivarian Republic of)	1999	394.79		16.63
越南	Viet Nam	2013	50.36		0.55
也门	Yemen	2012	104.78		4.28
赞比亚	Zambia	2000	1262.23		121.18
津巴布韦	Zimbabwe	2006	1059.96		87.20

附录3-5 二氧化硫排放
SO_2 Emissions

国家或地区	Country or Region	最近年份 Latest Year Available	二氧化硫排放量（千吨） SO_2 Emissions (1 000 tons)	比1990年增减（%） Percentage Change since 1990 (%)	人均二氧化硫排放量（千克） SO_2 Emissions per Capita (kilogram)
阿富汗	Afghanistan	2005	13.86		0.54
阿尔巴尼亚	Albania	2009	1.60	180.70	0.54
阿尔及利亚	Algeria	2000	45.64		1.47
安提瓜和巴布达	Antigua and Barbuda	2000	2.75	-2.83	36.18
阿根廷	Argentina	2012	119.38	50.7	2.86
亚美尼亚	Armenia	2010	29.44	7390.8	10.23
澳大利亚	Australia	2018	2121.03	33.8	85.19
奥地利	Austria	2018	11.67	-84.2	1.31
巴林	Bahrain	2000	27.00		40.63
巴巴多斯	Barbados	1997	0.05		0.19
白俄罗斯	Belarus	2018	4.81	37.3	0.51
比利时	Belgium	2018	37.97	-89.6	3.31
伯利兹	Belize	1994	0.53		2.63
贝宁	Benin	2000	13.88		2.02
不丹	Bhutan	2000	1.06		1.79
玻利维亚	Bolivia (Plurinational State of)	2000	12.10	8.4	1.44
波黑	Bosnia and Herzegovina	2014	516.00	13.9	148.19
保加利亚	Bulgaria	2018	359.55	-19.4	50.99
布基纳法索	Burkina Faso	2007	0.50		0.04
柬埔寨	Cambodia	1994	25.69		2.49
喀麦隆	Cameroon	2000	7.00		0.45
智利	Chile	2016	357.40	40.0	19.63
哥伦比亚	Colombia	2004	142.81	0.7	3.39
科摩罗	Comoros	2000	0.13		0.25
哥斯达黎加	Costa Rica	2005	4.85		1.13
科特迪瓦	Cote d'Ivoire	2000	4079.55		247.93
克罗地亚	Croatia	2018	10.16	-94.0	2.45
古巴	Cuba	2002	622.51	30.4	55.58
塞浦路斯	Cyprus	2018	17.71	-44.2	14.89
捷克	Czechia	2018	96.51	-94.5	9.05
朝鲜	Democratic People's Republic of Korea	2002	1384.00	-55.7	59.30
刚果民主共和国	Democratic Republic of the Congo	2000	0.02		0.00
丹麦	Denmark	2018	11.82	-93.4	2.06
多米尼加	Dominica	2005	0.22		3.09
多米尼加共和国	Dominican Republic	2010	1.11	-98.6	0.11
埃及	Egypt	2005	146.45		1.94
爱沙尼亚	Estonia	2018	35.96	-83.8	27.18
斯威士兰	Eswatini	1994	1.97		2.17
埃塞俄比亚	Ethiopia	2013	8.74	-21.3	0.09
斐济	Fiji	1994	0.03		0.04
芬兰	Finland	2018	33.39	-86.7	6.05
法国	France	2018	180.04	-86.4	2.77

资料来源：联合国统计司环境统计数据库。
Sources:UNSD Environment Statistics Data.

附录3-5　续表 1　continued 1

国家或地区	Country or Region	最近年份 Latest Year Available	二氧化硫排放量（千吨）SO_2 Emissions (1 000 tons)	比1990年增减 (%) Percentage Change since 1990 (%)	人均二氧化硫排放量（千克）SO_2 Emissions per Capita (kilogram)
加蓬	Gabon	2000	7.67		6.24
格鲁吉亚	Georgia	2013	2.54		0.63
德国	Germany	2018	288.68	-94.7	3.47
加纳	Ghana	2000	0.50		0.03
希腊	Greece	2018	98.99	-80.6	9.41
危地马拉	Guatemala	2005	52.29	-29.8	3.99
几内亚	Guinea	1994	0.44		0.06
圭亚那	Guyana	2004	6.90	-8.0	9.25
海地	Haiti	2000	13.58		1.60
洪都拉斯	Honduras	2000	0.38		0.06
匈牙利	Hungary	2018	23.04	-97.2	2.37
冰岛	Iceland	2018	54.71	127.7	162.47
伊朗	Iran (Islamic Republic of)	2000	139.46		2.13
伊拉克	Iraq	1997	3909.00		182.33
爱尔兰	Ireland	2018	12.17	-93.3	2.52
以色列	Israel	2018	56.20		6.71
意大利	Italy	2018	110.45	-93.8	1.82
牙买加	Jamaica	2012	15.99		5.63
日本	Japan	2018	694.93	-44.4	5.46
约旦	Jordan	2006	138.00		23.03
哈萨克斯坦	Kazakhstan	2018	668.74	-35.9	36.50
肯尼亚	Kenya	2010	145.65		3.47
科威特	Kuwait	1994	319.00		192.25
吉尔吉斯斯坦	Kyrgyzstan	2010	30.56	-67.0	5.64
老挝	Lao People's Democratic Republic	2000	1.59		0.30
拉脱维亚	Latvia	2018	3.83	-96.2	1.99
黎巴嫩	Lebanon	2013	119.01		20.13
立陶宛	Lithuania	2018	12.66	-93.2	4.52
卢森堡	Luxembourg	2018	0.92	-94.2	1.52
马达加斯加	Madagascar	2010	65.20		3.08
马里	Mali	2010	3.65		0.24
马耳他	Malta	2018	0.33	-96.8	0.76
马绍尔群岛	Marshall Islands	2010	0.28		5.02
毛利塔尼亚	Mauritania	2000	0.09		0.03
毛里求斯	Mauritius	2005	9.60		7.86
密克罗尼西亚	Micronesia (Federated States of)	2000	0.31		2.86
摩纳哥	Monaco	2018	0.01	-91.5	0.29
黑山	Montenegro	2011	39.73	184.7	63.54
摩洛哥	Morocco	2012	635.53		19.12
纳米比亚	Namibia	2000	10.90		6.07
瑙鲁	Nauru	2010	0.18		18.39
尼泊尔	Nepal	2000	76.00		3.17
荷兰	Netherlands	2018	24.51	-86.9	1.44
新西兰	New Zealand	2018	71.35	25.0	15.04
尼加拉瓜	Nicaragua	2000	0.19		0.04
尼日尔	Niger	2008	1929.00		126.48
尼日利亚	Nigeria	2000	190.00		1.55
纽埃	Niue	2009	0.00		0.06
北马其顿	North Macedonia	2009	205.83	6799.9	99.48
挪威	Norway	2018	16.28	-67.26	3.05

附录3-5 续表 2 continued 2

国家或地区	Country or Region	最近年份 Latest Year Available	二氧化硫排放量(千吨) SO_2 Emissions (1 000 tons)	比1990年增减(%) Percentage Change since 1990 (%)	人均二氧化硫排放量(千克) SO_2 Emissions per Capita (kilogram)
阿曼	Oman	1994	3.375		1.57
帕劳	Palau	2005	0.00748		0.38
巴拿马	Panama	2000	0.13		0.04
巴布亚新几内亚	Papua New Guinea	2000	36.00		6.16
巴拉圭	Paraguay	2012	0.27	-7.7	0.04
秘鲁	Peru	1994	123.26		5.17
菲律宾	Philippines	1994	458.53		6.73
波兰	Poland	2017	582.65	-78.0	15.35
葡萄牙	Portugal	2018	45.17	-85.8	4.40
卡塔尔	Qatar	2007	143.92		118.12
摩尔多瓦	Republic of Moldova	2013	21.86	-92.6	5.37
罗马尼亚	Romania	2018	80.03	-90.0	4.10
俄罗斯联邦	Russian Federation	2018	739.89	-8.9	5.08
卢旺达	Rwanda	2005	18.00		2.04
圣卢西亚	Saint Lucia	2010	0.19		1.09
圣文森特和格林纳丁斯	Saint Vincent and the Grenadines	2004	0.46	79.7	4.20
塞内加尔	Senegal	2005	39.63		3.57
塞尔维亚	Serbia	1998	388.00	-21.0	40.06
塞拉利昂	Sierra Leone	2005	0.05		0.01
斯洛伐克	Slovakia	2018	20.23	-86.4	3.71
斯洛文尼亚	Slovenia	2018	4.08	-98.0	1.97
所罗门群岛	Solomon Islands	2000	0.27		0.65
南苏丹	South Sudan	2015	7.23		0.68
西班牙	Spain	2018	212.25	-90.0	4.55
斯里兰卡	Sri Lanka	2000	105.87		5.64
苏丹	Sudan	2000	1.00		0.04
瑞典	Sweden	2018	17.38	-83.2	1.74
瑞士	Switzerland	2018	4.99	-86.4	0.59
塔吉克斯坦	Tajikistan	2010	9.00	-73.5	1.20
泰国	Thailand	2013	573.03		8.41
东帝汶	Timor-Leste	2010	0.40		0.37
多哥	Togo	2005	8.26		1.47
汤加	Tonga	2006	0.16		1.59
特立尼达和多巴哥	Trinidad and Tobago	1990	8.75		7.17
突尼斯	Tunisia	2000	111.29		11.46
土耳其	Turkey	2018	2524.42	49.6	30.66
土库曼斯坦	Turkmenistan	2010	2.72		0.54
图瓦卢	Tuvalu	2014	0.00		0.08
乌干达	Uganda	2000	4.10		0.17
乌克兰	Ukraine	2018	787.83	-52.3	17.81
英国	United Kingdom	2018	162.86	-95.7	2.43
坦桑尼亚	United Republic of Tanzania	1994	175.74	8.4	6.10
美国	United States of America	2018	2480.97	-88.1	7.58
乌拉圭	Uruguay	2017	24.50	-44.1	7.13
乌兹别克斯坦	Uzbekistan	2012	201.26	-69.2	6.83
瓦努阿图	Vanuatu	2000	0.00		0.01
越南	Viet Nam	2000	9.86		0.12
也门	Yemen	2012	4.12		0.17
赞比亚	Zambia	2000	6.16		0.59
津巴布韦	Zimbabwe	2006	1.63		0.13

附录3−6　二氧化碳排放
CO_2 Emissions

国家或地区	Country or Region	最近年份 Latest Year Available	二氧化碳排放量（千吨） CO_2 Emissions (1 000 tons)	比1990年增减（%） Percentage Change since 1990 (%)	人均二氧化碳排放量（吨/人） CO_2 Emissions per Capita (ton / person)
阿富汗	Afghanistan	2011	12250	357.67	0.43
阿尔巴尼亚	Albania	2011	4670	-37.66	1.62
阿尔及利亚	Algeria	2011	121760	54.27	3.32
安哥拉	Angola	2011	29710	570.70	1.35
安提瓜和巴布达	Antigua and Barbuda	2011	510	70.73	5.82
阿根廷	Argentina	2011	190030	68.75	4.56
亚美尼亚	Armenia	2011	4960		1.67
澳大利亚	Australia	2011	398160	44.19	17.66
奥地利	Austria	2011	70350	13.44	8.35
阿塞拜疆	Azerbaijan	2011	33460		3.63
巴哈马	Bahamas	2011	1910	-2.26	5.20
巴林	Bahrain	2011	23440	85.06	17.95
孟加拉国	Bangladesh	2011	57070	267.40	0.37
巴巴多斯	Barbados	2011	1570	45.74	5.58
白俄罗斯	Belarus	2011	55380	-46.65	5.84
比利时	Belgium	2011	104270	-12.37	9.47
伯利兹	Belize	2011	550	76.48	1.67
贝宁	Benin	2011	4990	597.40	0.51
不丹	Bhutan	2011	560	337.33	0.77
玻利维亚	Bolivia (Plurinational State of)	2011	16120	191.70	1.60
波黑	Bosnia and Herzegovina	2011	23750		6.20
博茨瓦纳	Botswana	2011	4860	122.90	2.32
巴西	Brazil	2011	439410	110.36	2.19
文莱	Brunei Darussalam	2011	9740	56.85	24.39
保加利亚	Bulgaria	2011	53200	-33.70	7.23
布基纳法索	Burkina Faso	2011	1930	229.38	0.12
布隆迪	Burundi	2011	210	-28.77	0.02
佛得角	Cabo Verde	2011	430	383.41	0.86
柬埔寨	Cambodia	2011	4500	896.83	0.31
喀麦隆	Cameroon	2011	5660	225.73	0.27
加拿大	Canada	2011	557290	21.40	16.15
中非共和国	Central African Republic	2011	290	44.44	0.06
乍得	Chad	2011	540	267.42	0.04
智利	Chile	2011	79410	138.36	4.62

资料来源：联合国统计司环境统计数据库。
Sources:UNSD Environment Statistics Data.

附录3-6　续表 1　continued 1

国家或地区	Country or Region	最近年份 Latest Year Available	二氧化碳排放量（千吨）CO_2 Emissions (1 000 tons)	比1990年增减(%) Percentage Change since 1990 (%)	人均二氧化碳排放量（吨／人）CO_2 Emissions per Capita (ton / person)
哥伦比亚	Colombia	2011	72420	26.31	1.56
科摩罗	Comoros	2011	160	104.81	0.22
刚果	Congo	2011	2250	89.20	0.54
库克群岛	Cook Islands	2011	70	216.82	3.42
哥斯达黎加	Costa Rica	2011	7840	165.38	1.70
科特迪瓦	Côte d'Ivoire	2011	6450	11.20	0.31
克罗地亚	Croatia	2011	20920	-10.38	4.86
古巴	Cuba	2011	35920	7.25	3.17
塞浦路斯	Cyprus	2011	7570	63.53	6.78
捷克	Czechia	2011	115070	-30.13	10.92
朝鲜	Democratic People's Republic of Korea	2011	73580	-69.95	2.99
刚果民主共和国	Democratic Republic of the Congo	2011	3430	-15.86	0.05
丹麦	Denmark	2011	45480	-16.10	8.15
吉布提	Djibouti	2011	470	25.23	0.56
多米尼克	Dominica	2011	120	112.44	1.75
多米尼加共和国	Dominican Republic	2011	21890	137.15	2.18
厄瓜多尔	Ecuador	2011	35730	112.22	2.35
埃及	Egypt	2011	220790	190.73	2.64
萨尔瓦多	El Salvador	2011	6680	155.32	1.10
厄立特里亚	Eritrea	2011	520		0.11
爱沙尼亚	Estonia	2011	18430	-49.79	13.88
斯威士兰	Eswatini	2011	1050	146.54	0.87
埃塞俄比亚	Ethiopia	2011	7540	149.94	0.08
斐济	Fiji	2011	1240	51.13	1.42
芬兰	Finland	2011	56400	-0.43	10.45
法国	France	2011	364820	-8.51	5.77
加蓬	Gabon	2011	2240	-53.82	1.42
冈比亚	Gambia	2011	420	121.13	0.24
格鲁吉亚	Georgia	2011	7930		1.89
德国	Germany	2011	810440	-22.23	10.08
加纳	Ghana	2011	10080	156.44	0.40
希腊	Greece	2011	94250	13.56	8.45
格林纳达	Grenada	2011	250	130.00	2.41
危地马拉	Guatemala	2011	11260	121.34	0.75
几内亚	Guinea	2011	2600	145.83	0.23
几内亚比绍	Guinea-Bissau	2011	250	-2.89	0.15
圭亚那	Guyana	2011	1780	56.28	2.36
海地	Haiti	2011	2210	122.50	0.22
洪都拉斯	Honduras	2011	8410	224.47	1.10

附录3-6　续表 2　continued 2

国家或地区	Country or Region	最近年份 Latest Year Available	二氧化碳排放量（千吨） CO_2 Emissions (1 000 tons)	比1990年增减（%） Percentage Change since 1990 (%)	人均二氧化碳排放量（吨/人） CO_2 Emissions per Capita (ton / person)
匈牙利	Hungary	2011	49860	-31.21	4.99
冰岛	Iceland	2011	3330	54.28	10.38
印度	India	2011	2074340	200.38	1.66
印度尼西亚	Indonesia	2011	563980	277.08	2.30
伊朗	Iran (Islamic Republic of)	2011	586600	177.83	7.80
伊拉克	Iraq	2011	133650	154.31	4.19
爱尔兰	Ireland	2011	37720	16.32	8.11
以色列	Israel	2011	69520	90.28	9.19
意大利	Italy	2011	413380	-4.90	6.93
牙买加	Jamaica	2011	7760	-2.62	2.82
日本	Japan	2011	1240630	8.72	9.75
约旦	Jordan	2011	22260	113.96	3.29
哈萨克斯坦	Kazakhstan	2011	261760		15.81
肯尼亚	Kenya	2011	13570	133.00	0.33
基里巴斯	Kiribati	2011	60	183.18	0.60
科威特	Kuwait	2011	91030	88.42	28.10
吉尔吉斯斯坦	Kyrgyzstan	2011	6620		1.19
老挝	Lao People's Democratic Republic	2011	1200	412.48	0.19
拉脱维亚	Latvia	2011	7750	-59.32	3.76
黎巴嫩	Lebanon	2011	20490	125.10	4.46
莱索托	Lesotho	2011	2200		1.08
利比里亚	Liberia	2011	890	84.11	0.22
列支敦士登	Liechtenstein	2011	180	-10.36	4.93
立陶宛	Lithuania	2011	14030	-60.80	4.57
卢森堡	Luxembourg	2011	11140	-6.79	21.42
马达加斯加	Madagascar	2011	2450	148.34	0.11
马拉维	Malawi	2011	1210	97.00	0.08
马来西亚	Malaysia	2011	225690	298.80	7.90
马尔代夫	Maldives	2011	1100	616.75	3.26
马里	Mali	2011	1250	196.51	0.08
马耳他	Malta	2011	2670	42.91	6.44
马绍尔群岛	Marshall Islands	2011	100	115.30	1.95
毛里塔尼亚	Mauritania	2011	2310	-13.34	0.63
毛里求斯	Mauritius	2011	3920	167.68	3.13
墨西哥	Mexico	2011	466550	48.44	3.88
密克罗尼西亚	Micronesia (Federated States of)	2011	130		1.24
摹尼黑	Monaco	2011			
蒙古	Mongolia	2011	19080	89.96	6.92
黑山	Montenegro	2011	2570		4.13

附录3-6　续表 3　continued 3

国家或地区	Country or Region	最近年份 Latest Year Available	二氧化碳排放量（千吨）CO_2 Emissions (1 000 tons)	比1990年增减（%）Percentage Change since 1990 (%)	人均二氧化碳排放量（吨/人）CO_2 Emissions per Capita (ton / person)
摩洛哥	Morocco	2011	56540	140.16	1.74
莫桑比克	Mozambique	2011	3280	227.84	0.13
缅甸	Myanmar	2011	10440	144.17	0.20
纳米比亚	Namibia	2011	2780	10701.17	1.24
瑙鲁	Nauru	2011	50	-67.47	5.11
尼泊尔	Nepal	2011	4330	583.23	0.16
荷兰	Netherlands	2011	168060	5.54	10.07
新西兰	New Zealand	2011	33260	33.48	7.55
尼加拉瓜	Nicaragua	2011	4900	92.23	0.84
尼日尔	Niger	2011	1420	70.93	0.08
尼日利亚	Nigeria	2011	88030	94.00	0.54
纽埃	Niue	2011	10	197.30	6.81
北马其顿	North Macedonia	2011			
挪威	Norway	2011	44600	27.80	9.00
阿曼	Oman	2011	64850	469.60	20.20
帕劳	Palau	2011	220		10.86
巴拿马	Panama	2011	9670	249.14	2.63
巴布亚新几内亚	Papua New Guinea	2011	5230	144.18	0.75
巴拉圭	Paraguay	2011	5300	134.20	0.84
秘鲁	Peru	2011	53070	150.68	1.78
菲律宾	Philippines	2011	82010	96.37	0.87
波兰	Poland	2011	327720	-12.56	8.49
葡萄牙	Portugal	2011	51240	13.61	4.85
卡塔尔	Qatar	2011	83880	612.33	44.02
韩国	Republic of Korea	2011	589430	138.69	11.94
摩尔多瓦	Republic of Moldova	2011	4980		1.22
罗马尼亚	Romania	2011	85600	-51.94	4.26
俄罗斯联邦	Russian Federation	2011	1650270	-34.25	11.52
卢旺达	Rwanda	2011	660	22.30	0.06
圣基茨和尼维斯	Saint Kitts and Nevis	2011	270	305.61	5.05
圣卢西亚	Saint Lucia	2011	410	146.67	2.27
圣文森特和格林纳丁斯	Saint Vincent and the Grenadines	2011	240	195.42	2.18
萨摩亚	Samoa	2011	230	88.21	1.25
圣马力诺	San Marino	2011			
圣多美和普林西比	Sao Tome and Principe	2011	100	115.30	0.59
沙特阿拉伯	Saudi Arabia	2011	520280	138.72	18.07
塞内加尔	Senegal	2011	7860	146.89	0.59
塞尔维亚	Serbia	2011	49190		5.45
塞舌尔	Seychelles	2011	600	425.68	6.37

附录3-6 续表 4 continued 4

国家或地区	Country or Region	最近年份 Latest Year Available	二氧化碳排放量（千吨） CO_2 Emissions (1 000 tons)	比1990年增减（%） Percentage Change since 1990 (%)	人均二氧化碳排放量（吨/人） CO_2 Emissions per Capita (ton / person)
塞拉利昂	Sierra Leone	2011	900	131.13	0.15
新加坡	Singapore	2011	22390	-52.29	4.31
斯洛伐克	Slovakia	2011	37230	-39.76	6.88
斯洛文尼亚	Slovenia	2011	16180	9.37	7.86
所罗门群岛	Solomon Islands	2011	200	22.75	0.37
南非	South Africa	2011	477240	49.23	9.14
南苏丹	South Sudan	2011			
西班牙	Spain	2011	280920	23.48	6.01
斯里兰卡	Sri Lanka	2011	15230	293.74	0.75
巴勒斯坦	State of Palestine	2011	2250		0.54
苏丹	Sudan	2011			
苏里南	Suriname	2011	1910	5.47	3.65
瑞典	Sweden	2011	48480	-15.16	5.12
瑞士	Switzerland	2011	41850	-6.25	5.28
塔吉克斯坦	Tajikistan	2011	2780		0.36
泰国	Thailand	2011	303370	216.56	4.53
东帝汶	Timor-Leste	2011	180		0.17
多哥	Togo	2011	2100	171.10	0.32
汤加	Tonga	2011	100	33.38	0.98
特立尼达和多巴哥	Trinidad and Tobago	2011	49570	192.30	37.14
突尼斯	Tunisia	2011	25640	93.28	2.38
土耳其	Turkey	2011	345730	144.23	4.70
土库曼斯坦	Turkmenistan	2011	62220		12.18
图瓦卢	Tuvalu	2011			
乌干达	Uganda	2011	3800	373.04	0.11
乌克兰	Ukraine	2011	306530	-57.61	6.74
阿拉伯联合酋长国	United Arab Emirates	2011	178480	243.18	20.43
英国	United Kingdom	2011	464040	-21.55	7.35
坦桑尼亚	United Republic of Tanzania	2011	7300	207.73	0.15
美国	United States of America	2011	5583380	9.47	17.87
乌拉圭	Uruguay	2011	7770	94.67	2.30
乌兹别克斯坦	Uzbekistan	2011	114860		4.08
瓦努阿图	Vanuatu	2011	140	105.17	0.59
委内瑞拉	Venezuela (Bolivarian Republic of)	2011	188820	54.56	6.42
越南	Viet Nam	2011	173210	709.10	1.94
也门	Yemen	2011	22300	-843.28	0.92
赞比亚	Zambia	2011	3050	24.59	0.21
津巴布韦	Zimbabwe	2011	9860	-36.40	0.69

附录3-7 温室气体排放
Greenhouse Gas Emissions

国家或地区	Country or Region	最近年份 Latest Year Available	温室气体排放总量（千吨二氧化碳当量） Total GHG Emissions (1 000 tons of CO_2 equivalent)	比1990年增减(%) Percentage Change since 1990 (%)	人均温室气体排放量（吨二氧化碳当量／人） GHG Emissions per Capita (tons of CO_2 equivalent/person)
阿富汗	Afghanistan	2013	43377		1.34
阿尔巴尼亚	Albania	2009	8126	87.16	2.73
阿尔及利亚	Algeria	2000	111023		3.58
安哥拉	Angola	2005	61611		3.17
安提瓜和巴布达	Antigua and Barbuda	2000	598	53.81	7.86
阿根廷	Argentina	2012	338963	46.70	8.12
亚美尼亚	Armenia	2010	7202	-71.14	2.50
澳大利亚	Australia	2018	558047	31.31	22.41
奥地利	Austria	2018	78950	0.58	8.88
阿塞拜疆	Azerbaijan	2013	57995	-20.97	6.18
巴哈马	Bahamas	2000	725	-62.17	2.43
巴林	Bahrain	2000	22373		33.66
孟加拉国	Bangladesh	2005	99442		0.72
巴巴多斯	Barbados	2010	1979	-39.60	7.01
白俄罗斯	Belarus	2018	91993	-33.23	9.73
比利时	Belgium	2018	118456	-19.09	10.32
伯利兹	Belize	2009	1203		3.82
贝宁	Benin	2000	6251		0.91
不丹	Bhutan	2000	1556		2.63
玻利维亚	Bolivia (Plurinational State of)	2004	43665	184.95	4.81
波黑	Bosnia and Herzegovina	2014	25740	-24.39	7.39
博茨瓦纳	Botswana	2015	23978		11.31
巴西	Brazil	2015	1026660	86.83	5.02
文莱	Brunei Darussalam	2010	9489		24.42
保加利亚	Bulgaria	2018	57816	-43.20	8.20
布基纳法索	Burkina Faso	2007	20413		1.43
布隆迪	Burundi	2015	1707		0.17
佛得角	Cabo Verde	2000	448		1.05
柬埔寨	Cambodia	2000	24109		1.98
喀麦隆	Cameroon	2000	28939		1.87
加拿大	Canada	2018	729349	20.91	19.67
中非共和国	Central African Republic	2010	5225		1.19
乍得	Chad	2003	25714		2.74
智利	Chile	2016	108800	117.64	5.98

资料来源：联合国统计司环境统计数据库。
注：温室气体排放总量不包括土地利用、土地利用变化和林业。
Sources:UNSD Environment Statistics Data.
Note: The total emissions exclude LULUCF.

附录3-7 续表 1 continued 1

国家或地区	Country or Region	最近年份 Latest Year Available	温室气体排放总量（千吨二氧化碳当量） Total GHG Emissions (1 000 tons of CO_2 equivalent)	比1990年增减(%) Percentage Change since 1990 (%)	人均温室气体排放量（吨二氧化碳当量／人） GHG Emissions per Capita (tons of CO_2 equivalent/person)
哥伦比亚	Colombia	2004	153885	29.61	3.66
科摩罗	Comoros	2000	285		0.53
刚果	Congo	2000	2065		0.66
库克群岛	Cook Islands	1994	80		4.21
哥斯达黎加	Costa Rica	2005	12114	98.87	2.83
科特迪瓦	Côte d’Ivoire	2000	271197		16.48
克罗地亚	Croatia	2018	23793	-25.36	5.72
古巴	Cuba	2002	36297	-23.81	3.24
塞浦路斯	Cyprus	2018	8812	54.85	7.41
捷克	Czechia	2018	127450	-35.37	11.95
朝鲜	Democratic People's Republic of Korea	2002	87330	-57.92	3.74
刚果民主共和国	Democratic Republic of the Congo	2003	45999		0.89
丹麦	Denmark	2018	49694	-30.01	8.64
吉布提	Djibouti	2000	1072		1.49
多米尼加	Dominica	2017	212		2.96
多米尼加共和国	Dominican Republic	2010	25231	99.60	2.60
厄瓜多尔	Ecuador	2012	60192	-66.31	3.89
埃及	Egypt	2005	241632	106.98	3.20
萨尔瓦多	El Salvador	2005	11069		1.83
厄立特里亚	Eritrea	2000	3934		1.72
爱沙尼亚	Estonia	2018	19974	-50.41	15.10
斯威士兰	Eswatini	1994	7539		8.31
埃塞俄比亚	Ethiopia	2013	94996	120.83	1.00
斐济	Fiji	2004	2710		3.31
芬兰	Finland	2018	56359	-20.69	10.21
法国	France	2018	452210	-17.99	6.96
加蓬	Gabon	2000	6160		5.01
冈比亚	Gambia	2000	19383		14.71
格鲁吉亚	Georgia	2013	16610	-57.07	4.10
德国	Germany	2018	858369	-31.30	10.33
加纳	Ghana	2006	18227	97.52	0.81
希腊	Greece	2018	92222	-10.73	8.76
格林纳达	Grenada	1994	1606		16.17
危地马拉	Guatemala	2005	22948	55.66	1.75
几内亚	Guinea	2000	47713		5.79
几内亚比绍	Guinea-Bissau	2010	13065		8.58
圭亚那	Guyana	2004	2891	13.24	3.88
海地	Haiti	2000	6683		0.79
洪都拉斯	Honduras	2015	15977		1.75

附录3-7　续表 2　continued 2

国家或地区	Country or Region	最近年份 Latest Year Available	温室气体排放总量（千吨二氧化碳当量） Total GHG Emissions (1 000 tons of CO_2 equivalent)	比1990年增减 (%) Percentage Change since 1990 (%)	人均温室气体排放量（吨二氧化碳当量／人） GHG Emissions per Capita (tons of CO_2 equivalent/person)
匈牙利	Hungary	2018	63220	-32.71	6.51
冰岛	Iceland	2018	4857	30.11	14.42
印度	India	2010	2100850		1.70
印度尼西亚	Indonesia	2000	554333	107.76	2.62
伊朗	Iran (Islamic Republic of)	2000	483669		7.37
伊拉克	Iraq	1997	72658		3.39
爱尔兰	Ireland	2018	60935	9.85	12.65
以色列	Israel	2018	78698		9.39
意大利	Italy	2018	427529	-17.15	7.05
牙买加	Jamaica	2012	14918		5.25
日本	Japan	2018	1238343	-2.50	9.74
约旦	Jordan	2006	27752		4.63
哈萨克斯坦	Kazakhstan	2018	396570	-1.32	21.65
肯尼亚	Kenya	2010	49964		1.19
基里巴斯	Kiribati	2008	170		1.72
科威特	Kuwait	2016	86337		21.82
吉尔吉斯斯坦	Kyrgyzstan	2010	12774	-55.01	2.36
老挝	Lao People's Democratic Republic	2000	8898	29.59	1.67
拉脱维亚	Latvia	2018	11745	-55.32	6.09
黎巴嫩	Lebanon	2013	26135		4.42
莱索托	Lesotho	2000	3513		1.73
利比里亚	Liberia	2000	8022		2.82
列支敦士登	Liechtenstein	2018	181	-20.72	4.78
立陶宛	Lithuania	2018	20267	-57.79	7.23
卢森堡	Luxembourg	2018	10547	-17.22	17.46
马达加斯加	Madagascar	2010	27756		1.31
马拉维	Malawi	1994	7070	-12.11	0.73
马来西亚	Malaysia	2011	287740	327.12	10.04
马尔代夫	Maldives	2015	1536		3.38
马里	Mali	2010	52733		3.50
马耳他	Malta	2018	2186	-14.95	4.98
马绍尔群岛	Marshall Islands	2010	170		3.01
毛里塔尼亚	Mauritania	2000	6944		2.64
毛里求斯	Mauritius	2013	6591		5.25
墨西哥	Mexico	2013	605887	49.91	5.10
密克罗尼西亚	Micronesia (Federated States of)	2000	174		1.62
摩纳哥	Monaco	2018	87	-15.39	2.25
蒙古	Mongolia	2006	17711	-8.32	6.92
黑山	Montenegro	2011	3864	-32.29	6.18

附录3-7 续表 3 continued 3

国家或地区	Country or Region	最近年份 Latest Year Available	温室气体排放总量(千吨二氧化碳当量) Total GHG Emissions (1 000 tons of CO_2 equivalent)	比1990年增减(%) Percentage Change since 1990 (%)	人均温室气体排放量(吨二氧化碳当量/人) GHG Emissions per Capita (tons of CO_2 equivalent/person)
摩洛哥	Morocco	2012	96108		2.89
莫桑比克	Mozambique	1994	8224	21.24	0.55
缅甸	Myanmar	2005	38375		0.78
纳米比亚	Namibia	2000	9086		5.06
瑙鲁	Nauru	2010	42		4.21
尼泊尔	Nepal	2000	26031		1.09
荷兰	Netherlands	2018	187756	-14.94	11.01
新西兰	New Zealand	2018	78862	24.02	16.63
尼加拉瓜	Nicaragua	2000	11981		2.36
尼日尔	Niger	2008	15520	219.84	1.02
尼日利亚	Nigeria	2000	212444		1.74
纽埃	Niue	2009	26		16.08
北马其顿	North Macedonia	2009	11491	-13.32	5.55
挪威	Norway	2018	52022	1.09	9.75
阿曼	Oman	1994	20879		9.72
巴基斯坦	Pakistan	2015	394583		1.98
帕劳	Palau	2005	346		17.51
巴拿马	Panama	2000	9708		3.20
巴布亚新几内亚	Papua New Guinea	2000	10196		1.74
巴拉圭	Paraguay	2012	45231	-19.51	7.04
秘鲁	Peru	2012	84564		2.87
菲律宾	Philippines	2000	126879		1.63
波兰	Poland	2018	412856	-13.10	10.89
葡萄牙	Portugal	2018	67280	14.89	6.56
卡塔尔	Qatar	2007	61593		50.55
韩国	Republic of Korea	2016	693943	136.87	13.61
摩尔多瓦	Republic of Moldova	2013	12836	-70.44	3.15
罗马尼亚	Romania	2018	116115	-53.18	5.95
俄罗斯联邦	Russian Federation	2018	2220123	-30.35	15.23
卢旺达	Rwanda	2005	6180		0.70
圣基茨和尼维斯	Saint Kitts and Nevis	1994	164		3.95
圣卢西亚	Saint Lucia	2010	648		3.72
圣文森特和格林纳丁斯	Saint Vincent and the Grenadines	2004	381	-2.84	3.51
萨摩亚	Samoa	1994	561		3.32
圣马力诺	San Marino	2010	267		8.56
圣多美和普林西比	Sao Tome and Principe	2012	153		0.81
沙特阿拉伯	Saudi Arabia	2012	548263	231.74	18.81
塞内加尔	Senegal	2005	13580		1.22
塞尔维亚	Serbia	1998	66342	-17.90	6.85

附录3-7 续表 4 continued 4

国家或地区	Country or Region	最近年份 Latest Year Available	温室气体排放总量（千吨二氧化碳当量） Total GHG Emissions (1 000 tons of CO_2 equivalent)	比1990年增减(%) Percentage Change since 1990 (%)	人均温室气体排放量（吨二氧化碳当量/人） GHG Emissions per Capita (tons of CO_2 equivalent/person)
塞舌尔	Seychelles	2000	330		4.08
新加坡	Singapore	2012	48334		9.00
斯洛伐克	Slovakia	2018	43348	-41.04	7.95
斯洛文尼亚	Slovenia	2018	17502	-5.95	8.42
所罗门群岛	Solomon Islands	2010	619		1.17
南非	South Africa	1994	379837	9.35	9.36
南苏丹	South Sudan	2015	33638		3.14
西班牙	Spain	2018	334255	15.51	7.16
斯里兰卡	Sri Lanka	2000	18797		1.00
巴勒斯坦	State of Palestine	2011	3262		0.79
苏丹	Sudan	2000	67840		2.49
苏里南	Suriname	2003	3330		6.82
瑞典	Sweden	2018	51779	-27.26	5.19
瑞士	Switzerland	2018	46333	-13.85	5.43
叙利亚	Syrian Arab Republic	2005	79216		4.31
塔吉克斯坦	Tajikistan	2010	8184	-66.16	1.09
泰国	Thailand	2013	318661		4.68
东帝汶	Timor-Leste	2010	1277		1.17
多哥	Togo	2005	6158		1.10
汤加	Tonga	2006	192		1.89
特立尼达和多巴哥	Trinidad and Tobago	1990	16006		13.11
突尼斯	Tunisia	2000	34238		3.53
土耳其	Turkey	2018	520942	137.47	6.33
土库曼斯坦	Turkmenistan	2010	66367		13.05
图瓦卢	Tuvalu	2014	18		1.68
乌干达	Uganda	2000	27560		1.17
乌克兰	Ukraine	2018	339244	-63.99	7.67
阿拉伯联合酋长国	United Arab Emirates	2014	199879		21.69
英国	United Kingdom	2018	465932	-41.60	6.94
坦桑尼亚	United Republic of Tanzania	1994	39237	0.64	1.36
美国	United States of America	2018	6676650	3.72	20.41
乌拉圭	Uruguay	2017	32006	24.74	9.31
乌兹别克斯坦	Uzbekistan	2012	205270	13.84	6.97
瓦努阿图	Vanuatu	2000	586		3.17
委内瑞拉	Venezuela (Bolivarian Republic of)	1999	192192		8.10
越南	Viet Nam	2013	278442		3.07
也门	Yemen	2012	37943		1.55
赞比亚	Zambia	2000	14405		1.38
津巴布韦	Zimbabwe	2006	21185		1.74

附录3-8　能源供应与可再生电力生产(2017年)
Energy Supply and Renewable Electricity Production (2017)

国家或地区	Country or Region	能源供应量(10^{15}焦耳) Energy Supply (Petajoules)	人均能源供应量(10^{9}焦耳) Energy Supply per Capita (Gigajoules)	可再生电力生产占比(%) Contribution of Renewables to Electricity Production (%)
阿富汗	Afghanistan	123	3	84.70
阿尔巴尼亚	Albania	100	34	100.00
阿尔及利亚	Algeria	2289	55	0.84
安道尔	Andorra	9	117	83.96
安哥拉	Angola	618	21	71.40
安圭拉	Anguilla	2	136	
安提瓜和巴布达岛	Antigua and Barbuda	7	69	2.55
阿根廷	Argentina	3385	76	29.03
亚美尼亚	Armenia	137	47	29.28
阿鲁巴	Aruba	13	123	14.11
澳大利亚	Australia	5353	219	14.32
奥地利	Austria	1404	161	70.25
阿塞拜疆	Azerbaijan	602	61	7.42
巴哈马	Bahamas	29	72	
巴林	Bahrain	580	389	0.03
孟加拉国	Bangladesh	1925	12	1.67
巴巴多斯	Barbados	16	55	2.80
白俄罗斯	Belarus	1081	114	1.71
比利时	Belgium	2301	201	13.53
伯利兹	Belize	16	43	48.74
贝宁	Benin	213	19	1.81
百慕大	Bermuda	9	151	
不丹	Bhutan	67	83	99.99
玻利维亚	Bolivia (Plurinational State of)	371	34	23.13
波黑	Bosnia and Herzegovina	278	79	24.38
博茨瓦纳	Botswana	99	43	0.07
巴西	Brazil	12900	62	70.24
英属维尔京群岛	British Virgin Islands	2	77	0.67
文莱	Brunei Darussalam	153	356	0.05
保加利亚	Bulgaria	781	110	14.11
布基纳法索	Burkina Faso	185	10	12.51

资料来源：联合国统计司环境统计数据库。
Sources:UNSD Environment Statistics Data.

附录3-8 续表 1 continued 1

国家或地区	Country or Region	能源供应量 (10^{15}焦耳) Energy Supply (Petajoules)	人均能源供应量 (10^{9}焦耳) Energy Supply per Capita (Gigajoules)	可再生电力生产占比 (%) Contribution of Renewables to Electricity Production (%)
布隆迪	Burundi	63	6	54.35
佛得角	Cabo Verde	10	18	16.87
柬埔寨	Cambodia	339	21	39.13
喀麦隆	Cameroon	388	16	51.31
加拿大	Canada	12088	330	64.59
开曼群岛	Cayman Islands	8	135	
中非共和国	Central African Republic	23	5	99.35
乍得	Chad	85	6	
智利	Chile	1603	89	36.28
中国香港	China, Hong Kong SAR	587	80	
中国澳门	China, Macao SAR	48	78	
哥伦比亚	Colombia	1677	34	76.52
科摩罗	Comoros	6	8	
刚果	Congo	124	24	44.23
库克群岛	Cook Islands	1	56	10.81
哥斯达黎加	Costa Rica	212	43	98.05
科特迪瓦	Cote d'Ivoire	458	19	20.23
克罗地亚	Croatia	364	87	56.66
古巴	Cuba	404	35	0.80
库拉索岛	Curaçao	76	473	38.61
塞浦路斯	Cyprus	94	79	7.65
捷克	Czech Republic	1818	171	6.81
刚果民主共和国	Democratic Republic of the Congo	1246	15	99.71
丹麦	Denmark	720	126	50.09
吉布提	Djibouti	9	9	
多米尼加	Dominica	2	33	20.77
多米尼加共和国	Dominican Republic	344	32	14.32
厄瓜多尔	Ecuador	615	37	72.05
埃及	Egypt	4012	41	8.02
萨尔瓦多	El Salvador	175	27	61.31
赤道几内亚	Equatorial Guinea	49	39	23.53
厄立特里亚	Eritrea	37	11	0.94
爱沙尼亚	Estonia	243	185	99.68
斯瓦蒂尼	Eswatini	44	39	5.80
埃塞俄比亚	Ethiopia	1534	15	28.26
法罗群岛	Faeroe Islands	10	210	51.20
福克兰群岛(马尔维纳斯群岛)	Falkland Islands (Malvinas)	1	183	25.00

附录3-8　续表 2　continued 2

国家或地区	Country or Region	能源供应量（10^{15}焦耳）Energy Supply (Petajoules)	人均能源供应量（10^{9}焦耳）Energy Supply per Capita (Gigajoules)	可再生电力生产占比(%) Contribution of Renewables to Electricity Production (%)
斐济	Fiji	34	38	48.91
芬兰	Finland	1385	251	29.64
法国	France	10278	153	16.14
法属波利尼西亚	French Polynesia	11	40	37.07
加蓬	Gabon	109	54	39.23
冈比亚	Gambia	14	7	
佐治亚州	Georgia	204	52	80.63
德国	Germany	12999	158	26.48
加纳	Ghana	315	11	39.61
直布罗陀	Gibraltar	11	309	
希腊	Greece	966	87	24.55
格陵兰	Greenland	9	156	74.90
格林纳达	Grenada	4	40	
危地马拉	Guatemala	530	31	52.61
根西	Guernsey	1	18	
几内亚	Guinea	156	12	24.42
几内亚比绍	Guinea-Bissau	31	17	
圭亚那	Guyana	37	47	0.18
海地	Haiti	188	17	12.12
洪都拉斯	Honduras	252	27	50.11
匈牙利	Hungary	1115	115	4.29
冰岛	Iceland	327	977	99.99
印度	India	38083	28	15.73
印度尼西亚	Indonesia	9959	38	11.24
伊朗	Iran (Islamic Republic of)	10987	135	5.02
伊拉克	Iraq	2521	66	2.59
爱尔兰	Ireland	574	121	27.05
马恩岛	Isle of Man	4	53	
以色列	Israel	965	116	2.86
意大利	Italy	6437	108	29.41
牙买加	Jamaica	111	38	11.17
日本	Japan	18116	142	16.34
泽西	Jersey	3	29	
约旦	Jordan	384	40	5.19
哈萨克斯坦	Kazakhstan	3335	183	11.29
肯尼亚	Kenya	932	19	74.97
基里巴斯	Kiribati	1	12	16.13

附录3-8　续表 3　continued 3

国家或地区	Country or Region	能源供应量（10^{15}焦耳） Energy Supply (Petajoules)	人均能源供应量（10^{9}焦耳） Energy Supply per Capita (Gigajoules)	可再生电力生产占比（%） Contribution of Renewables to Electricity Production (%)
朝鲜	Korea, Democratic People's Republic of	307	12	78.48
韩国	Korea, Republic of	11821	232	3.23
科索沃	Kosovo	108	59	3.04
科威特	Kuwait	1584	383	0.00
吉尔吉斯斯坦	Kyrgyzstan	162	27	91.55
老挝	Lao People's Democratic Republic	237	35	62.97
拉脱维亚	Latvia	185	95	60.16
黎巴嫩	Lebanon	369	54	1.95
莱索托	Lesotho	48	21	99.80
利比里亚	Liberia	97	21	9.15
利比亚	Libya	555	87	0.02
列支敦士登	Liechtenstein	3	89	97.85
立陶宛	Lithuania	313	108	68.38
卢森堡	Luxembourg	160	274	79.01
马达加斯加	Madagascar	322	13	40.03
马拉维	Malawi	84	5	90.86
马来西亚	Malaysia	3482	110	16.36
马尔代夫	Maldives	22	43	2.44
马里	Mali	96	5	56.14
马耳他	Malta	29	66	9.42
马绍尔群岛	Marshall Islands	2	43	2.25
毛里塔尼亚	Mauritania	73	17	21.11
毛里求斯	Mauritius	69	55	4.60
墨西哥	Mexico	7622	59	15.36
密克罗尼西亚	Micronesia (Federated States of)	2	20	2.90
蒙古	Mongolia	395	128	
黑山	Montenegro	43	68	45.71
蒙特塞拉特岛	Montserrat		72	
摩洛哥	Morocco	869	24	19.03
莫桑比克	Mozambique	452	15	82.76
缅甸	Myanmar	854	16	56.10
纳米比亚	Namibia	82	32	96.02
瑙鲁	Nauru	1	55	2.78
尼泊尔	Nepal	571	19	100.00
荷兰	Netherlands	3085	181	11.05
新喀里多尼亚	New Caledonia	68	246	13.44
新西兰	New Zealand	955	203	79.97
尼加拉瓜	Nicaragua	167	27	41.28

附录3-8 续表 4 continued 4

国家或地区	Country or Region	能源供应量（10^{15}焦耳）Energy Supply (Petajoules)	人均能源供应量（10^{9}焦耳）Energy Supply per Capita (Gigajoules)	可再生电力生产占比(%) Contribution of Renewables to Electricity Production (%)
尼日尔	Niger	85	4	2.65
尼日利亚	Nigeria	6568	34	17.22
纽埃	Niue		60	
北马其顿	North Macedonia	119	57	23.14
挪威	Norway	1235	233	97.84
阿曼	Oman	1102	238	
巴基斯坦	Pakistan	4280	22	27.69
帕劳	Palau	3	182	
巴拿马	Panama	197	48	71.58
巴布亚新几内亚	Papua New Guinea	168	20	28.70
巴拉圭	Paraguay	288	42	100.00
秘鲁	Peru	960	30	57.79
菲律宾	Philippines	2321	22	23.18
波兰	Poland	4384	115	10.66
葡萄牙	Portugal	951	92	35.48
波多黎各	Puerto Rico	50	16	2.23
卡塔尔	Qatar	1798	681	
摩尔多瓦	Republic of Moldova	114	28	73.57
罗马尼亚	Romania	1401	71	37.50
俄罗斯联邦	Russian Federation	31182	217	17.20
卢旺达	Rwanda	99	8	49.28
圣基茨岛和尼维斯	Saint Kitts and Nevis	3	63	5.07
圣露西亚	Saint Lucia	5	29	
圣皮埃尔和密克隆	Saint Pierre and Miquelon	1	171	
圣文森特和格林纳丁斯	Saint Vincent and the Grenadines	4	35	10.46
萨摩亚	Samoa	5	25	33.78
圣多美和普林西比	Sao Tome and Principe	3	14	7.78
沙特阿拉伯	Saudi Arabia	8946	272	0.00
塞内加尔	Senegal	168	11	2.96
塞尔维亚	Serbia	647	93	26.49
塞舌尔	Seychelles	8	86	1.95
塞拉利昂	Sierra Leone	68	9	72.28
新加坡	Singapore	1166	204	0.32
圣马丁岛(荷兰部分)	Sint Maarten (Dutch part)	12	292	
斯洛伐克	Slovakia	717	132	19.07
斯洛文尼亚	Slovenia	289	139	27.14
所罗门群岛	Solomon Islands	7	12	0.94

附录3-8 续表 5 continued 5

国家或地区	Country or Region	能源供应量 (10^{15}焦耳) Energy Supply (Petajoules)	人均能源供应量 (10^{9}焦耳) Energy Supply per Capita (Gigajoules)	可再生电力生产占比 (%) Contribution of Renewables to Electricity Production (%)
索马里	Somalia	148	10	
南非	South Africa	5910	104	5.39
南苏丹	South Sudan	28	3	0.55
西班牙	Spain	5227	113	30.71
斯里兰卡	Sri Lanka	461	22	30.81
巴勒斯坦	State of Palestine	78	16	8.24
苏丹	Sudan	532	13	59.69
苏里南	Suriname	40	71	43.93
瑞典	Sweden	2033	205	50.54
瑞士	Switzerland	988	116	61.58
叙利亚	Syrian Arab Republic	374	20	4.14
塔吉克斯坦	Tajikistan	187	21	94.43
泰国	Thailand	5777	84	8.14
东帝汶	Timor-Leste	8	6	
多哥	Togo	154	20	29.71
汤加	Tonga	2	20	6.45
特立尼达和多巴哥	Trinidad and Tobago	703	514	0.04
突尼斯	Tunisia	473	41	4.04
土耳其	Turkey	6138	76	28.92
土库曼斯坦	Turkmenistan	1158	201	
特克斯和凯科斯群岛	Turks and Caicos Islands	3	91	0.84
乌干达	Uganda	693	16	89.83
乌克兰	Ukraine	3739	85	7.88
阿拉伯联合酋长国	United Arab Emirates	3042	324	0.59
英国	United Kingdom	7353	111	20.79
坦桑尼亚联合共和国	United Republic of Tanzania	855	15	29.69
美国	United States of America	90228	278	15.81
乌拉圭	Uruguay	217	63	80.43
乌兹别克斯坦	Uzbekistan	1880	59	13.81
瓦努阿图	Vanuatu	3	11	21.92
委内瑞拉	Venezuela (Bolivarian Republic of)	2064	65	53.50
越南	Viet Nam	2980	31	44.91
也门	Yemen	142	5	13.77
赞比亚	Zambia	501	29	85.99
津巴布韦	Zimbabwe	474	33	52.61

附录3-9　危险废物产生量
Hazardous Waste Generation

单位：千吨　　(1 000 tons)

国家或地区	Country or Region	1995	2000	2005	2010	2015	2016	2017	2018	2019
阿尔及利亚	Algeria	185.0								
安道尔	Andorra					1.8	1.9	1.5	1.4	1.3
阿根廷	Argentina						732.2	1003.1	779.7	771.4
亚美尼亚	Armenia		381.6	346.3	435.4	555.1	615.5	537.8	510.9	570.5
奥地利	Austria				1472.9		1261.0		1314.2	
阿塞拜疆	Azerbaijan	27.0	26.6	12.8	140.0	262.6	632.6	266.0	338.7	317.4
巴林	Bahrain	136.0	140.0	38.2	72.4	74.9	72.4	71.8	81.2	92.5
白俄罗斯	Belarus	90.3	73.0	192.0	918.2	1207.8	1626.6	1668.1	2199.4	2065.3
比利时	Belgium				4767.3		3812.9		3490.0	
伯利兹	Belize		0.8							
贝宁	Benin									
百慕大群岛	Bermuda				0.6	0.6	0.6	0.5	1.5	1.8
不丹	Bhutan							0.4		0.4
波黑	Bosnia and Herzegovina						13.3		14.2	
保加利亚	Bulgaria				13553.5		13328.4		13432.1	
布基纳法索	Burkina Faso			0.4	0.0					
佛得角	Cabo Verde									
喀麦隆	Cameroon			9.4						
中国香港	China, Hong Kong SAR	97.1	91.6	47.1	40.8	33.7				
中国澳门	China, Macao SAR		4.2	5.9	12.4	23.7	21.1	19.8		
克罗地亚	Croatia				72.6		174.3		174.4	
古巴	Cuba			941.4	660.8	302.9	230.9	235.1	385.6	261.8
塞浦路斯	Cyprus				37.3		159.1		224.3	
捷克	Czechia				1362.9		1088.7		1690.1	
丹麦	Denmark				1224.8		2010.7		2091.9	
多米尼加	Dominica									
厄瓜多尔	Ecuador					9.9	10.9	12.4	14.9	
爱沙尼亚	Estonia				8961.7		9682.2		10880.3	
斐济	Fiji				3.5	11.9	13.0	14.3		
芬兰	Finland				2559.4		2388.5		1899.4	
法国	France				11538.1		11010.3		12098.0	
法属圭亚那	French Guiana				0.6	1.2		0.9	1.6	2.3

资料来源：联合国统计司环境统计数据库。
Sources:UNSD Environment Statistics Data.

附录3-9 续表 1 continued 1

单位：千吨 (1 000 tons)

国家或地区	Country or Region	1995	2000	2005	2010	2015	2016	2017	2018	2019
德国	Germany				19931.5		23039.2		24194.1	
瓜德罗普岛	Guadeloupe				7.5	22.0	10.0	11.0	11.4	12.0
危地马拉	Guatemala			599.0	301.4	11.4	4.9	15.6		
匈牙利	Hungary				540.6		457.1		542.8	
冰岛	Iceland				8.3		47.9		32.4	
印度	India		7243.8			7803.5	5150.5	7172.8	9441.9	8639.2
伊拉克	Iraq				15.5	20.6	19.1	17.2	21.1	26.0
爱尔兰	Ireland				1972.2		534.0		630.5	
意大利	Italy				8543.4		9707.0		10137.8	
牙买加	Jamaica		10.0	10.0						
约旦	Jordan			71.4	62.0					
哈萨克斯坦	Kazakhstan			1684318.5	303117.0	251565.6	151391.1	126874.3	149962.4	180506.8
肯尼亚	Kenya							38.3		
科威特	Kuwait							5.0		
吉尔吉斯斯坦	Kyrgyzstan	472.3	6304.1	6206.2	5806.8	10498.9	12377.5	12648.2		
拉脱维亚	Latvia				67.9		66.2		77.3	
黎巴嫩	Lebanon									
立陶宛	Lithuania				105.3		176.0		192.9	
卢森堡	Luxembourg				380.1		356.6		430.6	
马达加斯加	Madagascar									
马来西亚	Malaysia		344.6	548.9	3087.5	2918.5	2766.6	2017.3	2355.1	4013.2
马耳他	Malta				24.9		134.0		30.3	
马提尼克	Martinique				4.1	8.0	15.7	8.8	19.3	4.4
毛里求斯	Mauritius				7.8	19.9	20.7	21.6		
摩纳哥	Monaco	0.3	0.3	0.5		0.3	0.4	0.2		
蒙古	Mongolia									316.4
摩洛哥	Morocco		119.0							
缅甸	Myanmar					0.4	0.5	0.8		
荷兰	Netherlands				4486.5		5134.2		5158.6	
尼日尔	Niger			554.0						
北马其顿	North Macedonia				149.5		57.0		20.5	
挪威	Norway				1763.0		1621.1		1634.6	

附录3-9 续表 2 continued 2

单位：千吨 (1 000 tons)

国家或地区	Country or Region	1995	2000	2005	2010	2015	2016	2017	2018	2019
巴拿马	Panama	0.2	0.3	1.5	3.0					
菲律宾	Philippines				1346.5	4335.7	1485.8	2098.5		
波兰	Poland				1491.8		1917.1		3804.7	
葡萄牙	Portugal				681.2		834.6		1114.7	
摩尔多瓦	Republic of Moldova	2.9	2.9	1.7	0.9	7.3	6.1	8.7	11.0	8.7
罗马尼亚	Romania				695.7		625.0		736.9	
俄罗斯联邦	Russian Federation			142496.7	114366.6	110084.1	98263.5	107729.3	127625.0	100599.0
留尼旺	Réunion		9.8		4.8	7.9	8.5	9.0	8.2	9.8
沙特阿拉伯	Saudi Arabia						559.3	900.0	808.3	889.1
塞内加尔	Senegal									
新加坡	Singapore	64.9	121.5	339.0	434.0	446.9	479.0	471.5	538.4	450.0
斯洛伐克	Slovakia				415.5		496.1		450.1	
斯洛文尼亚	Slovenia				117.2		123.6		129.0	
南非	South Africa							52076.7		
西班牙	Spain				2991.2		3183.8		3224.2	
斯里兰卡	Sri Lanka									
巴勒斯坦	State of Palestine		5.0	5.7	4.1					
苏里南	Suriname				0.0	0.0	0.0	0.0	0.0	0.0
瑞典	Sweden				2527.8		2379.2		2882.1	
叙利亚	Syrian Arab Republic									
泰国	Thailand		1649.0	1813.5	3160.0	3445.0	3462.0		2271.0	1750.0
多哥	Togo									
特立尼达和多巴哥	Trinidad and Tobago			31.9		123.9				
突尼斯	Tunisia									
土耳其	Turkey				3225.8		5550.8		14917.9	
乌克兰	Ukraine	3562.9	2613.2	2411.8	1660.0	587.3	621.0	605.3	627.4	553.0
阿联酋	United Arab Emirates				340.7	416.1	368.6	510.6	611.0	697.4
英国	United Kingdom				5242.9		6038.3		6195.0	
坦桑尼亚	United Republic of Tanzania	0.0	0.0	0.0	0.1	0.1				
乌兹别克斯坦	Uzbekistan					39.4	42.9	84.4		
也门	Yemen	38.2								
赞比亚	Zambia		50.0	80.0						

附录3-10 城市垃圾处理
Municipal Waste Treatment

国家或地区	Country or Region	最近年份 Latest Year Available	城市垃圾收集量（千吨） Municipal Waste Collected (1 000 tons)	填埋 (%) Municipal Waste Landfilled (%)	焚烧 (%) Municipal Waste Incinerated (%)	回收利用 (%) Municipal Waste Recycled (%)	堆肥 (%) Municipal Waste Composted (%)
阿尔巴尼亚	Albania	2019	1087	18.7			80.2
阿尔及利亚	Algeria	2017	6000				
安道尔	Andorra	2019	38			100.0	
安圭拉	Anguilla	2008	15				100.0
安提瓜和巴布达	Antigua and Barbuda	2019	132				100.0
阿根廷	Argentina	2019	18959	5.7			92.5
亚美尼亚	Armenia	2019	473				100.0
澳大利亚	Australia	2017	13751	28.0	17.6		53.8
奥地利	Austria	2019	5220	26.1	32.1	32.1	2.0
阿塞拜疆	Azerbaijan	2019	2022	69.4	26.8		
巴林	Bahrain	2019	1797	19.8			
孟加拉国	Bangladesh	2014	4842	15.0			84.2
白俄罗斯	Belarus	2019	3785	20.7	0.9	0.8	77.5
比利时	Belgium	2019	4779	34.1	20.5	20.5	0.9
伯利兹	Belize	2000	69				100.0
百慕大	Bermuda	2019	86	0.5	12.7	75.2	11.6
不丹	Bhutan	2017	41	15.0	1.0	15.0	60.0
波黑	Bosnia and Herzegovina	2019	1228				88.5
博茨瓦纳	Botswana	2017	241	98.9	0.4	0.6	
巴西	Brazil	2015	34019		0.0	3.0	0.8
英属维尔京群岛	British Virgin Islands	2005	37			80.3	
保加利亚	Bulgaria	2018	2862	29.7	1.8	1.8	61.1
布隆迪	Burundi	2019	24				
佛得角	Cabo Verde	2015	146				100.0
喀麦隆	Cameroon	2009	7249	0.4			99.6
智利	Chile	2018	8177	0.5			99.2

资料来源：联合国统计司环境统计数据库。
Sources:UNSD Environment Statistics Data.

附录3-10 续表 1 continued 1

国家或地区	Country or Region	最近年份 Latest Year Available	城市垃圾收集量（千吨） Municipal Waste Collected (1 000 tons)	填埋 (%) Municipal Waste Landfilled (%)	焚烧 (%) Municipal Waste Incinerated (%)	回收利用 (%) Municipal Waste Recycled (%)	堆肥 (%) Municipal Waste Composted (%)
中国香港	China, Hong Kong SAR	2015	5741	35.4			64.6
中国澳门	China, Macao SAR	2015	517				
哥伦比亚	Colombia	2018	12083				90.0
哥斯达黎加	Costa Rica	2019	1344	3.0			86.5
克罗地亚	Croatia	2019	1812	26.7	3.5	3.5	59.2
古巴	Cuba	2019	5782	3.4	1.9		94.7
库拉索	Curaçao	2017	173	8.2		0.0	91.8
塞浦路斯	Cyprus	2019	571	14.9	1.4	1.4	66.4
捷克	Czechia	2019	5338	22.0	11.3	11.3	46.2
丹麦	Denmark	2019	4907	33.5	18.0	18.0	0.9
厄瓜多尔	Ecuador	2018	4650				
埃及	Egypt	2012	94868	2.1			20.0
爱沙尼亚	Estonia	2019	490	28.4	2.4	2.4	17.3
斐济	Fiji	2017	67067				
芬兰	Finland	2019	3123	29.3	14.2	14.2	1.0
法国	France	2019	37397	23.4	20.5	20.5	21.8
法属圭亚那	French Guiana	2016	77		0.4		99.6
法属波利尼西亚	French Polynesia	2014	84	8.6	15.2		76.1
德国	Germany	2019	50612	48.0	18.7	18.7	0.8
加纳	Ghana	2017	4113	5.0			95.0
瓜德罗普岛	Guadeloupe	2016	253	7.2	30.9	4.8	57.2
匈牙利	Hungary	2019	3780	26.6	9.3	9.3	50.7
冰岛	Iceland	2018	247				59.9
爱尔兰	Ireland	2019	3086	27.8	9.6	9.6	15.3
以色列	Israel	2019	5759	6.8			76.5
意大利	Italy	2019	30023	30.1	21.3	21.3	20.9
牙买加	Jamaica	2006	1464				

附录3-10　续表 2　continued 2

国家或地区	Country or Region	最近年份 Latest Year Available	城市垃圾收集量（千吨）Municipal Waste Collected (1 000 tons)	填埋(%) Municipal Waste Landfilled (%)	焚烧(%) Municipal Waste Incinerated (%)	回收利用(%) Municipal Waste Recycled (%)	堆肥(%) Municipal Waste Composted (%)
日本	Japan	2018	42716	19.6	0.4	78.9	1.0
约旦	Jordan	2018	3466				100.0
哈萨克斯坦	Kazakhstan	2019	3674	11.1			68.6
肯尼亚	Kenya	2019	1457				100.0
科威特	Kuwait	2017	18398	7.3			92.7
吉尔吉斯斯坦	Kyrgyzstan	2017	1404				100.0
拉脱维亚	Latvia	2019	840	36.0	5.0	5.0	57.4
黎巴嫩	Lebanon	2012	1940	8.0	11.0		81.0
列支敦士登	Liechtenstein	2019	6		100.0		
立陶宛	Lithuania	2019	1319	27.5	22.2	22.2	21.5
卢森堡	Luxembourg	2019	491	29.7	19.1	19.1	4.5
马达加斯加	Madagascar	2007	420		3.5		96.5
马来西亚	Malaysia	2019	2628				48.6
马尔代夫	Maldives	2014	325				
马耳他	Malta	2019	351	9.1			91.5
马绍尔群岛	Marshall Islands	2007	26	30.8	6.0		
马提尼克	Martinique	2016	264	3.6	16.0	48.1	30.5
毛里求斯	Mauritius	2017	497		2.9		97.1
新墨西哥州	Mexico	2012	42103	5.0			
慕尼黑	Monaco	2017	41			100.0	
摩洛哥	Morocco	2015	5817	10.0			90.0
尼泊尔	Nepal	2012	1	20.0			80.0
荷兰	Netherlands	2019	8806	27.7	29.2	29.2	1.4
新西兰	New Zealand	2018	3705				100.0
尼日尔	Niger	2005	7800	5.0		15.0	80.0
北马其顿	North Macedonia	2019	916				69.0
挪威	Norway	2019	4151	29.9	11.0	11.0	3.7
巴拿马	Panama	2019	792				100.0
秘鲁	Peru	2019	6789	0.8	0.3		
波兰	Poland	2019	12753	25.0	9.0	9.0	43.0
葡萄牙	Portugal	2019	5281	12.2	16.7	16.7	47.4
卡塔尔	Qatar	2019	2587	0.7			99.3
韩国	Republic of Korea	2018	20453	61.6	0.4	22.2	11.7
摩尔多瓦	Republic of Moldova	2019	3495				100.0
罗马尼亚	Romania	2019	5430	7.1	4.4	4.4	75.9
留尼汪	Réunion	2016	571	16.4	4.7		78.9

附录3-10　续表 3　continued 3

国家或地区	Country or Region	最近年份 Latest Year Available	城市垃圾收集量（千吨）Municipal Waste Collected (1 000 tons)	填埋(%) Municipal Waste Landfilled (%)	焚烧(%) Municipal Waste Incinerated (%)	回收利用(%) Municipal Waste Recycled (%)	堆肥(%) Municipal Waste Composted (%)
圣卢西亚	Saint Lucia	2019	79				100.0
圣文森特和格林纳丁斯	Saint Vincent and the Grenadines	2002	38	15.1			84.9
萨摩亚	Samoa	2017	15	5.6	1.0		93.4
塞内加尔	Senegal	2005	465				
塞尔维亚	Serbia	2015	1374	1.0			99.0
新加坡	Singapore	2019	7234	58.7		37.9	3.3
斯洛伐克	Slovakia	2019	2299	26.8	11.7	11.7	52.1
斯洛文尼亚	Slovenia	2017	974	42.3		18.1	
西班牙	Spain	2019	22262	19.7	19.7		
斯里兰卡	Sri Lanka	2016	1378				
巴勒斯坦	State of Palestine	2016	1699				
瑞典	Sweden	2019	4611	32.5	14.2	14.2	0.8
瑞士	Switzerland	2019	6079	29.9	23.1	23.1	0.0
泰国	Thailand	2019	23219	37.5	2.0	4.7	35.7
多哥	Togo	2012	197	2.0	1.8		
突尼斯	Tunisia	2004	1316		0.1		99.9
土耳其	Turkey	2019	35017	11.1	0.4	0.4	81.8
乌干达	Uganda	2017	776				
乌克兰	Ukraine	2019	11793	0.0		1.7	60.2
阿拉伯联合酋长国	United Arab Emirates	2019	5618	20.6	0.1		79.2
英国	United Kingdom	2019	30707	27.3	17.6		11.3
坦桑尼亚	United Republic of Tanzania	2019	30				
美国	United States of America	2018	265224	23.6	8.5	11.8	50.0
乌拉圭	Uruguay	2000	910				
赞比亚	Zambia	2005	389				
津巴布韦	Zimbabwe	2017	733	5.7	0.5	0.6	

附录3-11 农业用地

国家或地区	Country or Region	2021年 农业用地 (平方公里) Agricultural Land Area in 2021 (sq.km)	比1990年 农业用地增减 (%) Percentage Change of Agricultural Land Area since 1990 (%)
阿富汗	Afghanistan	383130	0.8
阿尔巴尼亚	Albania	11363	4.0
阿尔及利亚	Algeria	413161	6.9
美属萨摩亚	American Samoa	29	26.5
安道尔	Andorra	188	-18.6
安哥拉	Angola	458970	-0.8
安提瓜和巴布达	Antigua and Barbuda	90	
阿根廷	Argentina	1179578	-15.0
亚美尼亚	Armenia	16748	-0.1
阿鲁巴	Aruba	20	
澳大利亚	Australia	3635190	-23.4
奥地利	Austria	25975	-12.5
阿塞拜疆	Azerbaijan	47806	0.0
巴哈马	Bahamas	130	16.7
巴林	Bahrain	81	7.5
孟加拉国	Bangladesh	100680	-4.7
巴巴多斯	Barbados	100	-47.4
白俄罗斯	Belarus	81740	-1.3
比利时	Belgium	13657	0.6
伯利兹	Belize	1820	36.5
贝宁	Benin	39500	
百慕大	Bermuda	3	
不丹	Bhutan	5130	13.0
玻利维亚	Bolivia	381194	6.6
波黑	Bosnia and Herzegovina	22630	
博茨瓦纳	Botswana	258620	-0.6
巴西	Brazil	2393696	0.8
英属维尔京群岛	British Virgin Islands	70	-12.5
文莱	Brunei Darussalam	134	21.8
保加利亚	Bulgaria	50466	-18.1
布基纳法索	Burkina Faso	127400	26.8
布隆迪	Burundi	21030	-3.6
佛得角	Cabo Verde	790	16.2
柬埔寨	Cambodia	60991	29.9
喀麦隆	Cameroon	97500	6.3
加拿大	Canada	569910	-6.0
开曼群岛	Cayman Islands	27	

资料来源：联合国粮农组织。

Sources: Food and Agriculture Organization of the United Nations (FAO).

Agricultural Land

2021年 耕地面积 (平方公里) Arable Land in 2021 (sq.km)	2021年 永久性作物面积 (平方公里) Land under Permanent Crops in 2021 (sq.km)	2021年 永久性牧草地面积 (平方公里) Land under Permanent Meadows and Pastures in 2021 (sq.km)	2021年 农业灌溉面积 (平方公里) Agricultural Area Actually Irrigated in 2021 (sq.km)
78290	2220	302620	
5999	876	4488	2447
75306	9790	328065	
10	19	0	
7	0	180	
53730	3170	402070	
40	10	40	
422088	10680	746810	
4434	603	11711	
20			
312650	3850	3318690	
13198	677	12100	
20890	2741	24175	
80	30	20	
21	20	40	
81100	13580	6000	
70	10	20	
56240	950	24540	287
8656	238	4763	
1000	320	500	
28000	6000	5500	
3			
940	60	4130	
48684	2510	330000	5398
10080	1080	11470	
2600	20	256000	
582528	77560	1733608	
10	10	50	
40	60	34	
35005	1490	13971	
61000	6400	60000	
12700	3500	4830	
500	40	250	
41201	4790	15000	
62000	15500	20000	
382590	1720	185600	
2	5	20	

附录3-11　续表 1

国家或地区	Country or Region	2021年 农业用地 (平方公里) Agricultural Land Area in 2021 (sq.km)	比1990年 农业用地增减 (%) Percentage Change of Agricultural Land Area since 1990 (%)
中非共和国	Central African Republic	49100	1.5
乍得	Chad	503380	4.0
海峡群岛	Channel Islands	86	0.8
智利	Chile	105955	-1.2
中国香港	China, Hong Kong Special Administrative Region	40	-50.0
中国台湾	China, Taiwan Province of	7870	-11.2
哥伦比亚	Colombia	427180	7.0
科摩罗	Comoros	1330	14.9
刚果	Congo	106780	1.0
库克群岛	Cook Islands	19	-75.0
哥斯达黎加	Costa Rica	18110	-19.9
科特迪瓦	Côte d'Ivoire	235000	12.0
克罗地亚	Croatia	14760	0.1
古巴	Cuba	64010	-5.0
塞浦路斯	Cyprus	1231	-16.5
捷克	Czech Republic	35298	0.0
朝鲜	Democratic People's Republic of Korea	25950	2.9
刚果民主共和国	Democratic Republic of the Congo	338980	29.3
丹麦	Denmark	26180	-6.0
吉布提	Djibouti	17039	31.0
多米尼加	Dominica	250	38.9
多米尼加共和国	Dominican Republic	24290	-4.6
厄瓜多尔	Ecuador	54700	-30.9
埃及	Egypt	40310	50.0
萨尔瓦多	El Salvador	11957	-11.6
赤道几内亚	Equatorial Guinea	1049	-43.6
厄立特里亚	Eritrea	75920	
爱沙尼亚	Estonia	9870	-0.3
斯威士兰	Eswatini	11950	-1.3
埃塞俄比亚	Ethiopia	385950	1.5
福克兰群岛	Falkland Islands (Malvinas)	11302	-4.6
法罗群岛	Faroe Islands	961	3102.3
斐济	Fiji	3116	-24.0
芬兰	Finland	22680	-5.1
法国	France	285538	-6.7
法属圭亚那	French Guyana	325	54.9
法属波利尼西亚	French Polynesia	485	10.5
加蓬	Gabon	21532	10.3

continued 1

2021年 耕地面积 （平方公里） Arable Land in 2021 (sq.km)	2021年 永久性作物面积 （平方公里） Land under Permanent Crops in 2021 (sq.km)	2021年 牧草地面积 （平方公里） Land under Permanent Meadows and Pastures in 2021 (sq.km)	2021年 农业灌溉面积 （平方公里） Agricultural Area Actually Irrigated in 2021 (sq.km)
18000	1200	29900	
53000	380	450000	
36		49	
13139	4980	87836	
20	10	10	
5970	1900		
19930	25050	382200	
650	530	150	
5500	1280	100000	
5	14		
2430	3680	12000	
35000	68000	132000	
8570	790	5400	
29086	6530	28394	
952	258	22	
24753	489	10055	
22950	2500	500	
136800	20180	182000	
23570	270	2340	2270
30	9	17000	
60	170	20	
8770	3550	11970	
10240	14230	30230	10320
30770	9540		
7210	1600	3147	240
530	470	49	
6900	20	69000	
7000	50	2820	
1770	180	10000	
163140	22810	200000	
		11302	
1		960	
768	618	1730	
22430	44	210	
179566	10140	95832	
133	55	137	
25	260	200	
3250	1700	16582	

附录3-11 续表 2

国家或地区	Country or Region	2021年 农业用地 （平方公里） Agricultural Land Area in 2021 (sq.km)	比1990年 农业用地增减 (%) Percentage Change of Agricultural Land Area since 1990 (%)
冈比亚	Gambia	6340	3.2
格鲁吉亚	Georgia	23799	0.4
德国	Germany	165910	-8.0
加纳	Ghana	126037	0.0
希腊	Greece	58672	-36.4
格陵兰	Greenland	2431	2.7
格林纳达	Grenada	80	-38.5
瓜德罗普	Guadeloupe	499	-5.8
关岛	Guam	160	-20.0
危地马拉	Guatemala	46120	-10.0
几内亚	Guinea	146380	2.5
几内亚比绍	Guinea-Bissau	8151	-43.7
圭亚那	Guyana	10430	14.6
海地	Haiti	17950	15.2
洪都拉斯	Honduras	35760	5.8
匈牙利	Hungary	50437	-24.3
冰岛	Iceland	18720	-1.5
印度	India	1785279	-1.3
印度尼西亚	Indonesia	646000	38.2
伊朗	Iran (Islamic Republic of)	470670	-23.6
伊拉克	Iraq	94240	0.2
爱尔兰	Ireland	43370	-20.1
马恩岛	Isle of Man	392	0.5
以色列	Israel	6435	11.6
意大利	Italy	124030	-22.8
牙买加	Jamaica	4170	-6.7
日本	Japan	46590	-23.2
约旦	Jordan	10230	-1.1
哈萨克斯坦	Kazakhstan	2137959	-0.2
肯尼亚	Kenya	277100	3.2
基里巴斯	Kiribati	340	-12.8
科威特	Kuwait	1500	6.4
吉尔吉斯斯坦	Kyrgyzstan	103661	0.0
老挝	Lao People's Democratic Republic	20310	22.2
拉脱维亚	Latvia	19700	0.5
黎巴嫩	Lebanon	6793	10.7
莱索托	Lesotho	24330	12.0
利比里亚	Liberia	19230	-21.6

continued 2

2021年 耕地面积 (平方公里) Arable Land in 2021 (sq.km)	2021年 永久性作物面积 (平方公里) Land under Permanent Crops in 2021 (sq.km)	2021年 牧草地面积 (平方公里) Land under Permanent Meadows and Pastures in 2021 (sq.km)	2021年 农业灌溉面积 (平方公里) Agricultural Area Actually Irrigated in 2021 (sq.km)
4400	70	1870	
3120	1279	19400	
116580	2020	47300	
47089	27086	51862	
21319	10882	26470	
		2431	
30	40	10	
218	29	253	
10	70	80	
15540	11830	18750	
31000	8380	107000	
3000	2500	2651	
4200	290	5940	
10050	3000	4900	
10180	6000	19580	
41397	1495	7545	
1210		17510	1
1544479	136000	104800	
263000	273000	110000	
156990	18910	294770	
49690	4700	39850	
4360	10	39010	
232		160	
3770	1025	1640	
71928	21686	30416	
1200	680	2290	
40860	2630	3100	
1992	818	7420	
296697	1320	1839942	
58000	6100	213000	
20	320		
80	60	1360	
12874	767	90020	
12240	1300	6770	
13620	90	5990	
1393	1400	4000	
4290	40	20000	
5000	2000	12230	

附录3-11　续表 3

国家或地区	Country or Region	2021年 农业用地 (平方公里) Agricultural Land Area in 2021 (sq.km)	比1990年 农业用地增减 (%) Percentage Change of Agricultural Land Area since 1990 (%)
利比亚	Libya	153500	-0.7
列支敦士登	Liechtenstein	52	-24.0
立陶宛	Lithuania	29378	-1.1
卢森堡	Luxembourg	1328	0.4
马达加斯加	Madagascar	408950	12.6
马拉维	Malawi	60500	33.9
马来西亚	Malaysia	85710	26.9
马尔代夫	Maldives	59	-20.0
马里	Mali	431310	28.2
马耳他	Malta	88	-20.2
马绍尔群岛	Marshall Islands	70	
马提尼克	Martinique	313	-19.7
毛里塔尼亚	Mauritania	397100	0.0
毛里求斯	Mauritius	860	-22.5
马约特岛	Mayotte	200	11.0
墨西哥	Mexico	971260	-7.6
密克罗尼西亚	Micronesia (Federated States of)	50	
蒙古	Mongolia	1126312	-10.3
黑山	Montenegro	2556	0.4
蒙特塞拉特	Montserrat	30	
摩洛哥	Morocco	302910	0.1
莫桑比克	Mozambique	414138	17.5
缅甸	Myanmar	129800	24.7
纳米比亚	Namibia	388120	0.4
瑙鲁	Nauru	4	
尼泊尔	Nepal	41210	-0.6
荷兰	Netherlands	18120	-9.5
新喀里多尼亚	New Caledonia	1840	-20.7
新西兰	New Zealand	101750	-37.3
尼加拉瓜	Nicaragua	50910	25.8
尼日尔	Niger	465950	41.0
尼日利亚	Nigeria	686440	12.8
纽埃	Niue	48	4.2
诺福克岛	Norfolk Island	10	
北马其顿	North Macedonia	12600	-0.2
北马里亚纳群岛	Northern Mariana Islands	5	
挪威	Norway	9850	1.0
阿曼	Oman	14662	35.1
巴基斯坦	Pakistan	363030	4.3

continued 3

2021年 耕地面积 (平方公里) Arable Land in 2021 (sq.km)	2021年 永久性作物面积 (平方公里) Land under Permanent Crops in 2021 (sq.km)	2021年 牧草地面积 (平方公里) Land under Permanent Meadows and Pastures in 2021 (sq.km)	2021年 农业灌溉面积 (平方公里) Agricultural Area Actually Irrigated in 2021 (sq.km)
17200	3300	133000	
17		34	
22790	362	6226	
625	16	685	
30000	6000	372950	
40000	2000	18500	
8260	74600	2850	4420
39	10	10	
83410	1500	346400	
78	10		
5	65		
109	60	144	
4500	100	392500	
750	40	70	
173	27	0	
200840	28150	742270	
20		30	
13328	50	1112934	
89	55	2411	
20		10	
75120	17790	210000	
56500	3000	354638	
109900	15100	4800	
8000	120	380000	
	4		
21137	2120	17953	
10030	370	7710	
60	37	1743	
6160	740	94850	
15030	2960	32920	
177000	1130	287820	
368720	66000	251720	
10	28	10	
		10	
4170	410	8020	
1	1	4	
8040	30	1770	
826	336	13510	
305100	7930	50000	

附录3-11 续表 4

国家或地区	Country or Region	2021年 农业用地 (平方公里) Agricultural Land Area in 2021 (sq.km)	比1990年 农业用地增减 (%) Percentage Change of Agricultural Land Area since 1990 (%)
帕劳	Palau	43	
巴勒斯坦	Palestine	3912	-11.2
巴拿马	Panama	21813	2.4
巴布亚新几内亚	Papua New Guinea	14410	35.7
巴拉圭	Paraguay	168091	18.5
秘鲁	Peru	255157	12.1
菲律宾	Philippines	126830	13.8
波兰	Poland	144995	-23.1
葡萄牙	Portugal	39623	-2.3
波多黎各	Puerto Rico	1689	-61.4
卡塔尔	Qatar	740	21.3
韩国	Republic of Korea	16030	-25.6
摩尔多瓦	Republic of Moldova	22750	0.1
留尼汪	Réunion	476	-25.6
罗马尼亚	Romania	130790	-8.0
俄罗斯联邦	Russian Federation	2154940	
卢旺达	Rwanda	20045	-3.6
圣赫勒拿	Saint Helena, Ascension and Tristan da Cunha	120	20.0
圣基茨和尼维斯	Saint Kitts and Nevis	60	-50.0
圣卢西亚	Saint Lucia	99	-52.4
圣皮埃尔和密克隆	Saint Pierre and Miquelon	20	-33.3
圣文森特和格林纳丁斯	Saint Vincent and the Grenadines	70	-33.8
萨摩亚	Samoa	494	-8.5
圣马力诺	San Marino	23	130.0
圣多美和普林西比	Sao Tome and Principe	420	4.8
沙特阿拉伯	Saudi Arabia	1736370	40.6
塞内加尔	Senegal	95110	0.1
塞尔维亚	Serbia	34850	0.6
塞舌尔	Seychelles	16	-61.3
塞拉利昂	Sierra Leone	39490	39.8
新加坡	Singapore	7	-67.0
斯洛伐克	Slovakia	18560	-0.1
斯洛文尼亚	Slovenia	6110	-0.3
所罗门群岛	Solomon Islands	1200	72.1
索马里	Somalia	441290	0.2
南非	South Africa	963410	0.8
南苏丹	South Sudan	282527	0.0
西班牙	Spain	262284	-14.2

continued 4

2021年 耕地面积 (平方公里) Arable Land in 2021 (sq.km)	2021年 永久性作物面积 (平方公里) Land under Permanent Crops in 2021 (sq.km)	2021年 牧草地面积 (平方公里) Land under Permanent Meadows and Pastures in 2021 (sq.km)	2021年 农业灌溉面积 (平方公里) Agricultural Area Actually Irrigated in 2021 (sq.km)
3	20	20	
419	713	2780	
5650	1073	15090	
3310	9200	1900	
47340	900	119851	
42903	24254	188000	
55900	55930	15000	
110788	3800	30407	
9652	8666	21305	
502	160	1027	
210	30	500	
13430	2040	560	
17110	2260	3380	
339	30	108	
85880	4010	40900	
1216490	17930	920520	
12684	3500	3861	
40		80	
50	1	9	
27	69	4	
20			
20	30	20	
113	317	64	
20	3		
40	380	10	
34300	2070	1700000	6659
38300	810	56000	
26150	2040	6660	
2	14		
15840	1650	22000	
6	1		
13260	180	5120	
1810	524	3776	47
230	890	80	
11000	290	430000	
120000	4130	839280	
23947	850	257730	
115501	50598	96186	

附录3-11 续表 5

国家或地区	Country or Region	2021年农业用地(平方公里) Agricultural Land Area in 2021 (sq.km)	比1990年农业用地增减(%) Percentage Change of Agricultural Land Area since 1990 (%)
斯里兰卡	Sri Lanka	28120	20.2
苏丹	Sudan	1126648	1.8
苏里南	Suriname	780	-4.5
瑞典	Sweden	30029	-11.9
瑞士	Switzerland	14994	-6.3
叙利亚	Syrian Arab Republic	139134	3.2
塔吉克斯坦	Tajikistan	49170	4.0
泰国	Thailand	235000	7.6
东帝汶	Timor-Leste	3414	7.4
多哥	Togo	38200	19.7
托克劳群岛	Tokelau	6	20.0
汤加	Tonga	350	9.4
特立尼达和多巴哥	Trinidad and Tobago	540	-29.9
突尼斯	Tunisia	97005	12.6
土耳其	Turkey	380890	-4.8
土库曼斯坦	Turkmenistan	338380	
特克斯和凯科斯群岛	Turks and Caicos Islands	10	
图瓦卢	Tuvalu	18	-10.0
乌干达	Uganda	144150	20.5
乌克兰	Ukraine	413110	
阿拉伯联合酋长国	United Arab Emirates	3916	36.8
英国	United Kingdom	172151	-5.2
坦桑尼亚	United Republic of Tanzania	395212	26.7
美国	United States of America	4058104	-5.0
美属维尔京群岛	United States Virgin Islands	33	-67.0
乌拉圭	Uruguay	140696	-5.7
乌兹别克斯坦	Uzbekistan	256906	0.5
瓦努阿图	Vanuatu	1870	23.0
委内瑞拉	Venezuela (Bolivarian Republic of)	215000	-1.6
越南	Viet Nam	123600	83.8
瓦利斯和富图纳群岛	Wallis and Futuna Islands	60	
西撒哈拉	Western Sahara	50040	
也门	Yemen	234520	-0.7
赞比亚	Zambia	238390	14.5
津巴布韦	Zimbabwe	162000	24.5

continued 5

2021年 耕地面积 (平方公里) Arable Land in 2021 (sq.km)	2021年 永久性作物面积 (平方公里) Land under Permanent Crops in 2021 (sq.km)	2021年 牧草地面积 (平方公里) Land under Permanent Meadows and Pastures in 2021 (sq.km)	2021年 农业灌溉面积 (平方公里) Agricultural Area Actually Irrigated in 2021 (sq.km)
13720	10000	4400	
209948	2160	914540	
580	40	160	580
25352	35	4635	
3955	252	10787	
46606	10660	81868	
8380	2040	38750	7455
171500	55500	8000	
1115	799	1500	
26500	1700	10000	
	6		
200	110	40	
250	220	70	
28313	21192	47500	
198810	35910	146170	
19400	600	318380	
10			
	18		
69000	22000	53150	
329240	8530	75340	4420
503	413	3000	940
60098	460	111593	
135025	20187	240000	
1577368	27000	2453736	
9	2	22	
20306	390	120000	
40161	4214	212531	43366
200	1250	420	
26000	7000	182000	
67870	49310	6420	
10	50		
40		50000	
11580	2940	220000	
38000	390	200000	
40000	1000	121000	

附录3-12 森林面积
Forest Area

国家或地区	Country or Region	2000年森林面积 (平方公里) Forest Area in 2000 (sq.km)	2020年森林面积 (平方公里) Forest Area in 2020 (sq.km)	比2000年增减 (%) Percentage Change since 2000 (%)	2020年森林面积占陆地总面积的比例 (%) Forest Area as Proportion of Total Land Area in 2020 (%)
阿富汗	Afghanistan	12084	12084		1.9
阿尔巴尼亚	Albania	7693	7889	2.5	28.8
阿尔及利亚	Algeria	15790	19490	23.4	0.8
美属萨摩亚	American Samoa	177	171	-3.4	85.7
安道尔	Andorra	160	160		34.0
安哥拉	Angola	777086	666074	-14.3	53.4
安圭拉	Anguilla	55	55		61.1
安提瓜和巴布达	Antigua and Barbuda	95	81	-14.1	18.5
阿根廷	Argentina	333780	285730	-14.4	10.4
亚美尼亚	Armenia	3326	3285	-1.3	11.5
阿鲁巴	Aruba	4	4		2.3
澳大利亚	Australia	1318141	1340051	1.7	17.4
奥地利	Austria	38381	38992	1.6	47.3
阿塞拜疆	Azerbaijan	9872	11318	14.6	13.7
巴哈马	Bahamas	5099	5099		50.9
巴林	Bahrain	4	7	89.2	0.9
孟加拉国	Bangladesh	19203	18834	-1.9	14.5
巴巴多斯	Barbados	63	63		14.7
白俄罗斯	Belarus	82730	87676	6.0	43.2
比利时	Belgium	6673	6893	3.3	22.8
伯利兹	Belize	14593	12771	-12.5	56.0
贝宁	Benin	41352	31352	-24.2	27.8
百慕大	Bermuda	10	10		18.5
不丹	Bhutan	26060	27251	4.6	71.4
玻利维亚	Bolivia	551014	508338	-7.7	46.9
荷兰加勒比区	Bonaire, Sint Eustatius and Saba	19	19		5.9
波黑	Bosnia and Herzegovina	21117	21879	3.6	42.7
博茨瓦纳	Botswana	176207	152547	-13.4	26.9
巴西	Brazil	5510886	4966196	-9.9	59.4
英属维尔京群岛	British Virgin Islands	37	36	-1.4	24.1
文莱	Brunei Darussalam	3970	3800	-4.3	72.1
保加利亚	Bulgaria	33750	38930	15.3	35.9
布基纳法索	Burkina Faso	72165	62164	-13.9	22.7
布隆迪	Burundi	1939	2796	44.2	10.9
佛得角	Cabo Verde	397	457	15.1	11.3
柬埔寨	Cambodia	107810	80684	-25.2	45.7

资料来源：联合国可持续发展目标数据库。
Sources: UNSD Sustainable Development Goals Database.

附录3-12　续表 1　continued 1

国家或地区	Country or Region	2000年森林面积 (平方公里) Forest Area in 2000 (sq.km)	2020年森林面积 (平方公里) Forest Area in 2020 (sq.km)	比2000年增减 (%) Percentage Change since 2000 (%)	2020年森林面积占陆地总面积的比例 (%) Forest Area as Proportion of Total Land Area in 2020 (%)
喀麦隆	Cameroon	215975	203405	-5.8	43.0
加拿大	Canada	3478020	3469281	-0.3	38.7
开曼群岛	Cayman Islands	129	127	-1.6	53.0
中非共和国	Central African Republic	229030	223030	-2.6	35.8
乍得	Chad	63530	43130	-32.1	3.4
智利	Chile	158171	182107	15.1	24.5
哥伦比亚	Colombia	627355	591419	-5.7	53.3
科摩罗	Comoros	417	329	-21.0	17.7
刚果	Congo	221950	219460	-1.1	64.3
库克群岛	Cook Islands	156	156	0.1	65.0
哥斯达黎加	Costa Rica	28572	30349	6.2	59.4
科特迪瓦	Côte d'Ivoire	50945	28367	-44.3	8.9
克罗地亚	Croatia	18850	19391	2.9	34.6
古巴	Cuba	24350	32420	33.1	31.2
库拉索	Curaçao	1	1		0.2
塞浦路斯	Cyprus	1716	1725	0.5	18.7
捷克	Czech Republic	26373	26771	1.5	34.7
朝鲜	Democratic People's Republic of Korea	64547	60301	-6.6	50.1
刚果民主共和国	Democratic Republic of the Congo	1438990	1261552	-12.3	55.6
丹麦	Denmark	5716	6284	9.9	15.7
吉布提	Djibouti	56	58	3.6	0.3
多米尼加	Dominica	479	479		63.8
多米尼加共和国	Dominican Republic	19725	21441	8.7	44.4
厄瓜多尔	Ecuador	137305	124978	-9.0	50.3
埃及	Egypt	592	450	-24.0	0.0
萨尔瓦多	El Salvador	6739	5839	-13.4	28.2
赤道几内亚	Equatorial Guinea	26156	24484	-6.4	87.3
厄立特里亚	Eritrea	11185	10553	-5.7	10.4
爱沙尼亚	Estonia	22389	24384	8.9	56.1
斯瓦蒂尼	Eswatini	4733	4976	5.1	28.9
埃塞俄比亚	Ethiopia	185285	170685	-7.9	15.1
福克兰群岛	Falkland Islands (Malvinas)				
法罗群岛	Faroe Islands	1	1		0.1
斐济	Fiji	10065	11400	13.3	62.4
芬兰	Finland	224456	224090	-0.2	73.7

附录3-12 续表 2 continued 2

国家或地区	Country or Region	2000年森林面积（平方公里）Forest Area in 2000 (sq.km)	2020年森林面积（平方公里）Forest Area in 2020 (sq.km)	比2000年增减(%) Percentage Change since 2000 (%)	2020年森林面积占陆地总面积的比例(%) Forest Area as Proportion of Total Land Area in 2020 (%)
法国	France	152880	172530	12.9	31.5
法属圭亚那	French Guiana	80794	80029	-0.9	96.6
法属波利尼西亚	French Polynesia	1486	1495	0.6	43.1
加蓬	Gabon	237000	235306	-0.7	91.3
冈比亚	Gambia	3573	2427	-32.1	24.0
格鲁吉亚	Georgia	27606	28224	2.2	40.6
德国	Germany	113540	114190	0.6	32.7
加纳	Ghana	88486	79857	-9.8	35.1
直布罗陀	Gibraltar				
希腊	Greece	36002	39018	8.4	30.3
格陵兰	Greenland	2	2		0.0
格林纳达	Grenada	177	177		52.1
瓜德鲁普	Guadeloupe	723	719	-0.5	44.4
关岛	Guam	240	280	16.7	51.9
危地马拉	Guatemala	42092	35278	-16.2	32.9
根西	Guernsey	2	4	82.6	5.4
几内亚	Guinea	69290	61890	-10.7	25.2
几内亚比绍	Guinea-Bissau	21489	19800	-7.9	70.4
圭亚那	Guyana	185642	184153	-0.8	93.6
海地	Haiti	3807	3473	-8.8	12.6
梵蒂冈	Holy See				
洪都拉斯	Honduras	67783	63593	-6.2	56.8
匈牙利	Hungary	19212	20530	6.9	22.5
冰岛	Iceland	298	514	72.1	0.5
印度	India	675910	721600	6.8	24.3
印度尼西亚	Indonesia	1012800	921332	-9.0	49.1
伊朗	Iran (Islamic Republic of)	93257	107519	15.3	6.6
伊拉克	Iraq	8180	8250	0.9	1.9
爱尔兰	Ireland	6304	7820	24.1	11.4
马恩岛	Isle of Man	35	35		6.1
以色列	Israel	1530	1400	-8.5	6.5
意大利	Italy	83693	95661	14.3	32.3
牙买加	Jamaica	5210	5969	14.6	55.1
日本	Japan	248760	249350	0.2	68.4
泽西岛	Jersey	6	6		5.0

附录3-12 续表 3 continued 3

国家或地区	Country or Region	2000年森林面积（平方公里）Forest Area in 2000 (sq.km)	2020年森林面积（平方公里）Forest Area in 2020 (sq.km)	比2000年增减 (%) Percentage Change since 2000 (%)	2020年森林面积占陆地总面积的比例 (%) Forest Area as Proportion of Total Land Area in 2020 (%)
约旦	Jordan	975	975		1.1
哈萨克斯坦	Kazakhstan	31569	34547	9.4	1.3
肯尼亚	Kenya	39612	36111	-8.8	6.3
基里巴斯	Kiribati	12	12		1.5
科威特	Kuwait	49	63	28.9	0.4
吉尔吉斯斯坦	Kyrgyzstan	11809	13154	11.4	6.9
老挝	Lao People's Democratic Republic	174250	165955	-4.8	71.9
拉脱维亚	Latvia	32410	34108	5.2	54.9
黎巴嫩	Lebanon	1382	1433	3.7	14.0
莱索托	Lesotho	345	345		1.1
利比里亚	Liberia	82226	76174	-7.4	79.1
利比亚	Libya	2170	2170		0.1
列支敦士登	Liechtenstein	67	67		41.9
立陶宛	Lithuania	20200	22010	9.0	35.1
卢森堡	Luxembourg	867	887	2.3	36.5
马达加斯加	Madagascar	130307	124298	-4.6	21.4
马拉维	Malawi	30817	22417	-27.3	23.8
马来西亚	Malaysia	196914	191140	-2.9	58.2
马尔代夫	Maldives	8	8		2.7
马里	Mali	132960	132960		10.9
马耳他	Malta	4	5	31.4	1.4
马绍尔群岛	Marshall Islands	94	94		52.2
马提尼克	Martinique	487	523	7.3	49.3
毛里塔尼亚	Mauritania	4216	3128	-25.8	0.3
毛里求斯	Mauritius	419	388	-7.5	19.1
马约特岛	Mayotte	157	139	-11.4	37.1
墨西哥	Mexico	683814	656921	-3.9	33.8
密克罗尼西亚	Micronesia (Federated States of)	639	644	0.9	92.0
摩纳哥	Monaco				
蒙古	Mongolia	142639	141728	-0.6	9.1
黑山	Montenegro	6260	8270	32.1	61.5
蒙特塞拉特	Montserrat	25	25		25.0
摩洛哥	Morocco	55065	57425	4.3	12.9

附录3-12　续表 4　continued 4

国家或地区	Country or Region	2000年森林面积（平方公里）Forest Area in 2000 (sq.km)	2020年森林面积（平方公里）Forest Area in 2020 (sq.km)	比2000年增减 (%) Percentage Change since 2000 (%)	2020年森林面积占陆地总面积的比例 (%) Forest Area as Proportion of Total Land Area in 2020 (%)
莫桑比克	Mozambique	411880	367438	-10.8	46.7
缅甸	Myanmar	348681	285439	-18.1	43.7
纳米比亚	Namibia	80591	66389	-17.6	8.1
瑙鲁	Nauru				
尼泊尔	Nepal	59708	59620	-0.1	41.6
荷兰	Netherlands	3595	3695	2.8	11.0
新喀里多尼亚	New Caledonia	8379	8380	0.0	45.8
新西兰	New Zealand	98504	98926	0.4	37.6
尼加拉瓜	Nicaragua	53993	34075	-36.9	28.3
尼日尔	Niger	13281	10797	-18.7	0.9
尼日利亚	Nigeria	248930	216270	-13.1	23.7
纽埃	Niue	188	189	0.2	72.6
诺福克岛	Norfolk Island	5	5		12.3
北马其顿	North Macedonia	9576	10015	4.6	39.7
北马里亚纳群岛	Northern Mariana Islands	320	244	-23.8	53.0
挪威	Norway	121130	121800	0.6	40.1
阿曼	Oman	30	25	-16.7	0.0
巴基斯坦	Pakistan	45113	37259	-17.4	4.8
帕劳	Palau	396	414	4.6	90.0
巴拿马	Panama	44421	42138	-5.1	56.8
巴布亚新几内亚	Papua New Guinea	362780	358558	-1.2	79.2
巴拉圭	Paraguay	229917	161023	-30.0	40.5
秘鲁	Peru	752978	723304	-3.9	56.5
菲律宾	Philippines	73093	71886	-1.7	24.1
皮特凯恩	Pitcairn	35	35		74.5
波兰	Poland	90590	94830	4.7	31.0
葡萄牙	Portugal	32810	33120	0.9	36.2
波多黎各	Puerto Rico	4292	4963	15.7	56.0
卡塔尔	Qatar				
韩国	Republic of Korea	64760	62870	-2.9	64.5
摩尔多瓦	Republic of Moldova	3444	3865	12.2	11.8
留尼旺	Réunion	910	984	8.2	39.2
罗马尼亚	Romania	63660	69291	8.8	30.1

附录3-12 续表 5 continued 5

国家或地区	Country or Region	2000年森林面积（平方公里）Forest Area in 2000 (sq.km)	2020年森林面积（平方公里）Forest Area in 2020 (sq.km)	比2000年增减(%) Percentage Change since 2000 (%)	2020年森林面积占陆地总面积的比例(%) Forest Area as Proportion of Total Land Area in 2020 (%)
俄罗斯联邦	Russian Federation	8092685	8153116	0.7	49.8
卢旺达	Rwanda	2870	2760	-3.8	11.2
圣巴特岛	Saint Barthélemy	2	2		8.5
圣海伦娜	Saint Helena	20	20		5.1
圣基茨和尼维斯	Saint Kitts and Nevis	110	110		42.3
圣卢西亚	Saint Lucia	210	208	-1.1	34.0
圣马丁(法国部分)	Saint Martin (French part)	12	12		24.8
圣皮埃尔和密克隆	Saint Pierre and Miquelon	17	12	-26.9	5.3
圣文森特和格林纳丁斯	Saint Vincent and the Grenadines	285	285		73.2
萨摩亚	Samoa	1713	1617	-5.6	57.1
圣马力诺	San Marino	10	10		16.7
圣多美和普林西比	Sao Tome and Principe	584	519	-11.1	54.1
沙特阿拉伯	Saudi Arabia	9770	9770		0.5
塞内加尔	Senegal	88532	80682	-8.9	41.9
塞尔维亚	Serbia	24600	27227	10.7	31.1
塞舌尔	Seychelles	337	337		73.3
塞拉利昂	Sierra Leone	29294	25349	-13.5	35.1
新加坡	Singapore	170	156	-8.5	22.0
荷属圣马丁	Sint Maarten (Dutch part)	4	4		10.9
斯洛伐克	Slovakia	19014	19259	1.3	40.1
斯洛文尼亚	Slovenia	12330	12378	0.4	61.5
所罗门群岛	Solomon Islands	25376	25230	-0.6	90.1
索马里	Somalia	75150	59800	-20.4	9.5
南非	South Africa	177781	170501	-4.1	14.1
南苏丹	South Sudan	71570	71570		11.3
西班牙	Spain	170939	185722	8.6	37.2
斯里兰卡	Sri Lanka	21664	21130	-2.5	34.2
巴勒斯坦	State of Palestine	91	101	11.7	1.7
苏丹	Sudan	218262	183596	-15.9	9.9
苏里南	Suriname	153409	151963	-0.9	97.4
斯瓦尔巴群岛	Svalbard and Jan Mayen Islands				
瑞典	Sweden	281630	279800	-0.6	68.7

附录3-12 续表 6 continued 6

国家或地区	Country or Region	2000年森林面积 (平方公里) Forest Area in 2000 (sq.km)	2020年森林面积 (平方公里) Forest Area in 2020 (sq.km)	比2000年增减 (%) Percentage Change since 2000 (%)	2020年森林面积占陆地总面积的比例 (%) Forest Area as Proportion of Total Land Area in 2020 (%)
瑞士	Switzerland	11962	12691	6.1	32.1
叙利亚	Syrian Arab Republic	4321	5221	20.8	2.8
塔吉克斯坦	Tajikistan	4100	4238	3.4	3.1
泰国	Thailand	189980	198730	4.6	38.9
东帝汶	Timor-Leste	9491	9211	-3.0	61.9
多哥	Togo	12685	12093	-4.7	22.2
托克劳	Tokelau				
汤加	Tonga	90	90		12.4
特立尼达和多巴哥	Trinidad and Tobago	2367	2282	-3.6	44.5
突尼斯	Tunisia	6679	7027	5.2	4.5
土耳其	Turkey	201484	222204	10.3	28.9
土库曼斯坦	Turkmenistan	41270	41270		8.8
特克斯和凯科斯群岛	Turks and Caicos Islands	105	105		11.1
图瓦卢	Tuvalu	10	10		33.3
乌干达	Uganda	31630	23379	-26.1	11.7
乌克兰	Ukraine	95100	96900	1.9	16.7
阿拉伯联合酋长国	United Arab Emirates	3094	3173	2.5	4.5
英国	United Kingdom	29540	31900	8.0	13.2
坦桑尼亚	United Republic of Tanzania	536700	457450	-14.8	51.6
美国	United States of America	3035360	3097950	2.1	33.9
美属维尔京群岛	United States Virgin Islands	205	199	-2.7	56.9
乌拉圭	Uruguay	13690	20310	48.4	11.6
乌兹别克斯坦	Uzbekistan	29615	36897	24.6	8.4
瓦努阿图	Vanuatu	4423	4423		36.3
委内瑞拉	Venezuela (Bolivarian Republic of)	491510	462309	-5.9	52.4
越南	Viet Nam	117841	146431	24.3	47.2
沃利斯和富图纳群岛	Wallis and Futuna Islands	58	58	0.3	41.6
西撒哈拉	Western Sahara	6693	6651	-0.6	2.5
也门	Yemen	5490	5490		1.0
赞比亚	Zambia	470540	448140	-4.8	60.3
津巴布韦	Zimbabwe	183660	174446	-5.0	45.1

附录3−13 海洋保护区(2021年)
Protected Marine Areas (2021)

国家或地区	Country or Region	保护区面积 (平方公里) Protected Marine Area (sq.km)	保护区面积占海洋区域的比例(%) Coverage of Protected Areas in Relation to Marine Areas (%)	海洋生物多样性重要区域的保护区平均覆盖率(%) Average Proportion of Marine Key Biodiversity Areas (KBAs) Covered by Protected Areas (%)
阿尔巴尼亚	Albania	250	2.2	67.3
阿尔及利亚	Algeria	78	0.1	74.5
美属萨摩亚	American Samoa	35490	8.7	69.2
安哥拉	Angola	23	0.0	66.6
安圭拉	Anguilla	63	0.1	23.2
安提瓜和巴布达	Antigua and Barbuda	325	0.3	18.8
阿根廷	Argentina	87686	8.1	44.4
阿鲁巴	Aruba	0	0.0	23.9
澳大利亚	Australia	3036805	40.9	65.5
阿塞拜疆	Azerbaijan	37	0.0	
巴哈马	Bahamas	46746	7.8	30.3
巴林	Bahrain			
孟加拉国	Bangladesh	4454	5.3	34.5
巴巴多斯	Barbados	296	0.2	2.9
比利时	Belgium	1263	36.4	96.9
伯利兹	Belize	6836	18.9	31.2
贝宁	Benin			0.0
百慕大	Bermuda	0	0.0	4.0
荷兰加勒比区	Bonaire, Sint Eustatius and Saba	25109	100.0	73.5
布韦岛	Bouvet Island			
巴西	Brazil	974865	26.5	66.5
英属印度洋领地	British Indian Ocean Territory	641060	99.7	100.0
英属维尔京群岛	British Virgin Islands	3	0.0	6.1
文莱	Brunei Darussalam	150	0.6	5.4
保加利亚	Bulgaria	2860	8.1	99.7
佛得角	Cabo Verde	5	0.0	14.1
柬埔寨	Cambodia	691	1.4	51.0
喀麦隆	Cameroon	1589	10.8	
加拿大	Canada	784620	13.8	35.8
开曼群岛	Cayman Islands	93	0.1	31.5
智利	Chile	1501313	41.0	23.7

资料来源：联合国可持续发展目标数据库。
Sources: UNSD Sustainable Development Goals Database.

附录3-13 续表 1 continued 1

国家或地区	Country or Region	保护区面积 (平方公里) Protected Marine Area (sq.km)	保护区面积占海洋区域的比例(%) Coverage of Protected Areas in Relation to Marine Areas (%)	海洋生物多样性重要区域的保护区平均覆盖率(%) Average Proportion of Marine Key Biodiversity Areas (KBAs) Covered by Protected Areas (%)
中国香港	China, Hong Kong			32.5
圣诞岛	Christmas Island	1	0.0	62.9
科科斯群岛	Cocos (Keeling) Islands	26	0.0	100.0
哥伦比亚	Colombia	97079	13.3	47.5
科摩罗	Comoros	4383	2.6	13.0
刚果	Congo	5766	14.5	65.4
库克群岛	Cook Islands	1970508	99.9	50.1
哥斯达黎加	Costa Rica	15348	2.7	48.9
科特迪瓦	Côte d'Ivoire			97.9
克罗地亚	Croatia	4988	9.0	83.2
古巴	Cuba	14702	4.0	70.1
塞浦路斯	Cyprus	8472	8.6	49.6
朝鲜	Democratic People's Republic of Korea	7	0.0	
刚果民主共和国	Democratic Republic of the Congo	31	0.2	
丹麦	Denmark	18342	18.3	87.0
吉布提	Djibouti			
多米尼加	Dominica	31	0.1	
多米尼加共和国	Dominican Republic	45011	16.6	81.4
厄瓜多尔	Ecuador	144044	13.3	71.8
埃及	Egypt	7656	3.2	46.4
萨尔瓦多	El Salvador	663	0.7	46.6
赤道几内亚	Equatorial Guinea	1258	0.4	100.0
爱沙尼亚	Estonia	6775	18.6	97.6
福克兰群岛	Falkland Islands (Malvinas)	39516	7.2	19.1
法罗群岛	Faroe Islands	704	0.3	16.7
斐济	Fiji	11847	0.9	16.5
芬兰	Finland	9650	12.1	60.9
法国	France	165564	48.1	81.9
法属圭亚那	French Guiana	1364	1.0	54.3
法属波利尼西亚	French Polynesia	0		
法属南部领地	French Southern Territories	1695290	37.2	81.8
加蓬	Gabon	50429	26.1	67.0

附录3-13　续表 2　continued 2

国家或地区	Country or Region	保护区面积 (平方公里) Protected Marine Area (sq.km)	保护区面积占海洋区域的比例(%) Coverage of Protected Areas in Relation to Marine Areas (%)	海洋生物多样性重要区域的保护区平均覆盖率(%) Average Proportion of Marine Key Biodiversity Areas (KBAs) Covered by Protected Areas (%)
冈比亚	Gambia	147	0.6	40.3
格鲁吉亚	Georgia	153	0.7	35.6
德国	Germany	25537	45.3	77.1
加纳	Ghana			19.6
希腊	Greece	22301	4.5	88.2
格陵兰	Greenland	102497	4.5	29.7
格林纳达	Grenada	27	0.1	30.2
瓜德鲁普	Guadeloupe	90963	99.9	85.9
关岛	Guam	49395	24.4	3.5
危地马拉	Guatemala	4903	4.1	49.1
格恩西	Guernsey			
几内亚	Guinea	583	0.5	69.3
几内亚比绍	Guinea-Bissau	2370	2.2	50.7
圭亚那	Guyana			
海地	Haiti	3303	2.7	24.6
赫德岛和麦克唐纳岛	Heard Island and McDonald Islands	70636	17.0	100.0
洪都拉斯		10371	4.7	41.0
冰岛	Iceland	3170	0.4	15.2
印度	India	128	0.0	4.2
印度尼西亚	Indonesia	174733	2.9	25.7
伊朗	Iran (Islamic Republic of)	1508	0.7	67.2
爱尔兰	Ireland	9937	2.3	83.2
以色列	Israel	13	0.0	14.8
意大利	Italy	52246	9.7	76.0
牙买加	Jamaica	1860	0.8	14.4
日本	Japan	322999	8.0	66.0
泽西岛	Jersey			
约旦	Jordan	1	1.0	
哈萨克斯坦	Kazakhstan	57769	48.5	
肯尼亚	Kenya	748	0.7	40.4
基里巴斯	Kiribati	412755	11.9	32.9
科威特	Kuwait	162	1.4	32.1

附录3-13　续表 3　continued 3

国家或地区	Country or Region	保护区面积 (平方公里) Protected Marine Area (sq.km)	保护区面积占海洋区域的比例(%) Coverage of Protected Areas in Relation to Marine Areas (%)	海洋生物多样性重要区域的保护区平均覆盖率(%) Average Proportion of Marine Key Biodiversity Areas (KBAs) Covered by Protected Areas (%)
拉脱维亚	Latvia	4667	16.2	96.2
黎巴嫩	Lebanon	44	0.2	10.8
利比里亚	Liberia	129	0.1	96.7
利比亚	Libya			
立陶宛	Lithuania	1515	24.7	83.5
马达加斯加	Madagascar	12687	1.1	20.1
马来西亚	Malaysia	24414	5.4	19.7
马尔代夫	Maldives	826	0.1	
马耳他	Malta	4147	7.4	98.9
马绍尔群岛	Marshall Islands	5222	0.3	7.8
马提尼克	Martinique	47576	99.9	96.7
毛里塔尼亚	Mauritania	6474	4.1	37.2
毛里求斯	Mauritius	44	0.0	11.1
马约特岛	Mayotte	63280	99.9	91.5
墨西哥	Mexico	699442	21.3	62.5
密克罗尼西亚	Micronesia, Federated States of	479	0.0	1.6
摩纳哥	Monaco			
黑山	Montenegro	1	0.0	17.8
蒙特塞拉特	Montserrat	0		9.0
摩洛哥	Morocco	1956	0.7	58.0
莫桑比克	Mozambique	12322	2.1	47.2
缅甸	Myanmar	2489	0.5	19.2
纳米比亚	Namibia	9647	1.7	83.0
荷兰	Netherlands	17285	26.9	96.6
新喀里多尼亚	New Caledonia	1312301	95.7	63.6
新西兰	New Zealand	1224140	29.8	47.1
尼加拉瓜	Nicaragua	35690	15.9	49.9
尼日利亚	Nigeria	43	0.0	
纽埃	Niue	128042	40.2	
诺福克岛	Norfolk Island	189251	43.7	54.4
北马里亚纳群岛	Northern Mariana Islands	207268	26.8	48.0
挪威	Norway	7555	0.8	55.1
阿曼	Oman	1779	0.3	22.1
巴基斯坦	Pakistan	567	0.3	14.6

附录3-13 续表 4 continued 4

国家或地区	Country or Region	保护区面积 (平方公里) Protected Marine Area (sq.km)	保护区面积占海洋区域的比例(%) Coverage of Protected Areas in Relation to Marine Areas (%)	海洋生物多样性重要区域的保护区平均覆盖率(%) Average Proportion of Marine Key Biodiversity Areas (KBAs) Covered by Protected Areas (%)
帕劳	Palau	608158	100.0	72.3
巴拿马	Panama	38266	11.5	42.7
巴布亚新几内亚	Papua New Guinea	3344	0.1	1.9
秘鲁	Peru	4036	0.5	51.6
菲律宾	Philippines	66645	3.6	46.6
皮特凯恩	Pitcairn	839739	100.0	57.2
波兰	Poland	7221	22.6	87.3
葡萄牙	Portugal	76746	4.5	69.3
波多黎各	Puerto Rico	3201	1.8	38.2
卡塔尔	Qatar	686	2.1	60.0
韩国	Republic of Korea	7952	2.4	38.7
留尼旺	Réunion			79.8
罗马尼亚	Romania	6816	22.9	88.6
俄罗斯联邦	Russian Federation	166748	2.2	22.8
圣巴托洛缪岛	Saint Barthélemy	4246	98.3	75.7
圣赫勒拿	Saint Helena	1133205	68.8	50.0
圣基茨岛和尼维斯	Saint Kitts and Nevis	408	4.0	51.7
圣露西亚	Saint Lucia	33	0.2	26.2
法属圣马丁	Saint Martin (French Part)	1032	96.6	89.1
圣皮埃尔和密克隆	Saint Pierre and Miquelon	7	0.1	1.6
圣文森特和格林纳丁斯	Saint Vincent and the Grenadines	79	0.2	26.3
萨摩亚	Samoa	95	0.1	54.2
圣多美和普林西比	Sao Tome and Principe	35	0.0	92.3
沙特阿拉伯	Saudi Arabia	5753	2.6	25.3
塞内加尔	Senegal	2924	1.8	36.7
塞舌尔	Seychelles	439987	32.8	71.9
塞拉利昂	Sierra Leone	2611	1.6	60.2
新加坡	Singapore	0	0.0	3.3
荷属圣马丁	Sint Maarten (Dutch part)	43	8.7	6.4
斯洛文尼亚	Slovenia	3	1.5	62.4
所罗门群岛	Solomon Islands	1540	0.1	3.2
南非	South Africa	227679	14.8	51.0
南乔治亚岛和南桑德韦奇岛	South Georgia and the South Sandwich Islands	1229891	85.1	66.5

附录3-13 续表 5 continued 5

国家或地区	Country or Region	保护区面积 (平方公里) Protected Marine Area (sq.km)	保护区面积占海洋区域的比例(%) Coverage of Protected Areas in Relation to Marine Areas (%)	海洋生物多样性重要区域的保护区平均覆盖率(%) Average Proportion of Marine Key Biodiversity Areas (KBAs) Covered by Protected Areas (%)
西班牙	Spain	132037	13.1	85.9
斯里兰卡	Sri Lanka	321	0.1	50.0
苏丹	Sudan	2081	3.1	48.0
苏里南	Suriname	1983	1.5	74.2
斯瓦尔巴岛和扬马延岛	Svalbard and Jan Mayen Islands	81804	7.6	67.3
瑞典	Sweden	23797	15.4	60.2
叙利亚	Syrian Arab Republic			
泰国	Thailand	13320	4.3	44.0
东帝汶	Timor-Leste	581	1.4	19.6
多哥	Togo			
托克劳群岛	Tokelau	535	0.2	
汤加	Tonga	334	0.1	19.2
特立尼达和多巴哥	Trinidad and Tobago	9	0.0	8.5
突尼斯	Tunisia	968	1.0	40.3
土耳其	Turkey	295	0.1	3.8
土库曼斯坦	Turkmenistan	1957	2.5	
特克斯和凯科斯群岛	Turks and Caicos Islands	3612	2.3	27.5
图瓦卢	Tuvalu			
乌克兰	Ukraine	11105	8.2	67.4
阿拉伯联合酋长国	United Arab Emirates	6281	11.5	48.6
英国	United Kingdom	301547	41.7	85.3
坦桑尼亚	United Republic of Tanzania	5679	2.3	53.6
美国	United States of America	1637519	19.1	33.9
美属维尔京群岛	United States Virgin Islands	307	0.9	40.3
乌拉圭	Uruguay	979	0.8	53.8
瓦努阿图	Vanuatu	544	0.1	3.3
委内瑞拉	Venezuela (Bolivarian Republic of)	20590	4.4	59.4
越南	Viet Nam	3363	0.5	23.9
西撒哈拉	Western Sahara			
也门	Yemen	1244	0.2	30.6

附录四、主要统计指标解释

APPENDIX IV
Explanatory Notes
on Main Statistical Indicators

主要统计指标解释

一、自然状况

年平均气温　气温指空气的温度，我国一般以摄氏度为单位表示。气象观测的温度表是放在离地面约1.5米处通风良好的百叶箱里测量的，因此，通常说的气温指的是离地面1.5米处百叶箱中的温度。计算方法：月平均气温是将全月各日的平均气温相加，除以该月的天数而得。年平均气温是将12个月的月平均气温累加后除以12而得。

年平均相对湿度　相对湿度指空气中实际水气压与当时气温下的饱和水气压之比，通常以(%)为单位表示。其统计方法与气温相同。

全年降水量　降水量指从天空降落到地面的液态或固态(经融化后)水，未经蒸发、渗透、流失而在地面上积聚的深度，通常以毫米为单位表示。计算方法：月降水量是将该全月各日的降水量累加而得。年降水量是将该年12个月的月降水量累加而得。

全年日照时数　日照时数指太阳实际照射地面的时数，通常以小时为单位表示。其统计方法与降水量相同。

二、水环境

水资源总量　指当地降水形成的地表和地下产水总量，即地表产流量与降水入渗补给地下水量之和。

地表水资源量　指河流、湖泊、冰川等地表水体逐年更新的动态水量，即当地天然河川径流量。

地下水资源量　指地下饱和含水层逐年更新的动态水量，即降水和地表水入渗对地下水的补给量。

地表水与地下水资源重复计算量　指地表水和地下水相互转化的部分，即天然河川径流量中的地下水排泄量和地下水补给量中来源于地表水的入渗补给量。

供水总量　指各种水源提供的包括输水损失在内的水量之和。

地表水源供水量　指地表水工程的取水量，按蓄水工程、引水工程、提水工程、调水工程四种形式统计。

地下水源供水量　指水井工程的开采量，按浅层淡水、深层承压水和微咸水分别统计。

其他水源供水量　包括再生水厂、集雨工程、海水淡化设施供水量及矿坑水利用量。

用水总量　指各类河道外用水户取用的包括输水损失在内的毛水量之和。不包括海水直接利用量以及水力发电、航运等河道内用水量。

农业用水　包括耕地和林地、园地、牧草地灌溉，鱼塘补水及牲畜用水。

工业用水　指工矿企业在生产过程中用于制造、加工、冷却、空调、净化、洗涤等方面的用水，按新水取用量计，不包括企业内部的重复利用水量。

生活用水　包括城镇生活用水和农村生活用水。城镇生活用水由城镇居民生活用水和公共用水（含第三产业及建筑业等用水）组成；农村生活用水指农村居民生活用水。

人工生态环境补水　仅包括人为措施供给的城镇环境用水和部分河湖、湿地补水，而不包括降水、径流自然满足的水量。

工业废水排放量　指报告期内经过企业厂区所有排放口排到企业外部的工业废水量。包括生产废水、外排的直接冷却水、超标排放的矿井地下水和与工业废水混排的厂区生活污水，不包括外排的间接冷却水(清污不分流的间接冷却水应计算在废水排放量内)。

工业废水治理设施数　指调查年度企业用于防治水污染和经处理后综合利用水资源的实有设施（包括构筑物）数，以一个废水治理系统为单位统计。附属于设施内的水治理设备和配套设备不单独计算。备用的、调查年度未运行的、已经报废的设施不统计在内。

工业废水治理设施处理能力　指调查年度企业内部的所有废水治理设施具有的废水处理能力。

工业废水治理设施运行费用　指调查年度企业维持废水治理设施运行所发生的费用。包括能源消耗、设备维修、人员工资、管理费、药剂费及与设施运行有关的其他费用等。

三、海洋环境

二类水质海域面积　符合国家海水水质标准中二类海水水质的海域，适用于水产养殖区、海水浴场、人体直接接触海水的海上运动或娱乐区、以及与人类食用直接有关的工业用水区。

三类水质海域面积　符合国家海水水质标准中三类海水水质的海域，适用于一般工业用水区。

四类水质海域面积　符合国家海水水质标准中四类海水水质的海域，仅适用于海洋港口水域和海洋开发作业区。

劣四类水质海域面积　劣于国家海水水质标准中四类海水水质的海域。

四、大气环境

工业二氧化硫排放量　指调查年度调查对象在生产过程中排入大气的二氧化硫总质量，包括有组织排放量和无组织排放量。工业中二氧化硫主要来源于化石燃料（煤、石油等）的燃烧，还包括含硫矿石的冶炼或含硫酸、磷肥等生产的工业废气排放。

工业氮氧化物排放量　指调查年度调查对象在生产过程中排入大气的氮氧化物总质量，包括有组织排放量和无组织排放量。

工业颗粒物排放量　指调查年度调查对象在生产过程中排入大气的烟尘及工业粉尘的总质量之和，包括有组织排放量和无组织排放量。

工业废气排放量　指报告期内企业厂区内燃料燃烧和生产工艺过程中产生的各种排入空气中含有污染物的气体的总量，以标准状态（273K，101325Pa）计。

工业废气治理设施数　指调查年度企业用于减少排向大气的污染物或对污染物加以回收利用的废气治理设施总数，以一个废气治理系统为单位统计。包括除尘、脱硫、脱硝及其他的污染物的烟气治理设施。备用的、调查年度未运行的、已报废的设施不统计在内。

工业废气治理设施运行费用　指调查年度维持废气治理设施运行所发生的费用。包括能源消耗、设备折旧、设备维修、人员工资、管理费、药剂费及与设施运行有关的其他费用等。

五、固体废物

一般工业固体废物产生量 指当年全年调查对象实际产生的一般工业固体废物的量。一般工业固体废物指企业在工业生产过程中产生且不属于危险废物的工业固体废物。

一般工业固体废物综合利用量 指调查年度企业通过回收、加工、循环、交换等方式，从固体废物中提取或者使其转化为可以利用的资源、能源和其他原材料的固体废物量（包括当年利用的往年工业固体废物累计贮存量）。如用作农业肥料、生产建筑材料、筑路、用作充填回填材料等。综合利用量由原产生固体废物的单位统计。

一般工业固体废物处置量 指调查年度企业将工业固体废物焚烧和用其他改变工业固体废物的物理、化学、生物特性的方法，达到减少或者消除其危险成分的活动，或者将工业固体废物最终置于符合环境保护规定要求的填埋场的活动中，所消纳固体废物的量（包括当年处置的往年工业固体废物贮存量）。

危险废物产生量 指调查年度调查对象实际产生的危险废物的量，包括利用处置危险废物过程中二次产生的危险废物的量。危险废物指列入国家危险废物名录或者根据国家规定的危险废物鉴别标准和鉴别方法认定的具有危险特性的废物。按《国家危险废物名录》（2016）填报。

危险废物利用处置量 指调查年度调查对象从危险废物中提取物质作为原材料或者燃料的活动中消纳危险废物的量，以及将危险废物焚烧和用其他改变危险废物物理、化学、生物特性的方法，达到减少或者消除其危险成分的活动，或者将危险废物最终置于符合环境保护规定要求的填埋场的活动中，所消纳危险废物的量。包括本单位自行处置利用的本单位产生和接收外单位危险废物量。

六、自然生态

自然保护区 指保护典型的自然生态系统、珍稀濒危野生动植物种的天然集中分布区、有特殊意义的自然遗迹的区域。具有较大面积，确保主要保护对象安全，维持和恢复珍稀濒危野生动植物种群数量及赖以生存的栖息环境。

耕地 指利用地表耕作层种植农作物为主，每年种植一季及以上（含以一年一季以上的耕种方式种植多年生作物）的土地，包括熟地，新开发、复垦、整理地，休闲地（含轮歇地、休耕地）；以及间有零星果树、桑树或其他树木的耕地；包括南方宽度＜1.0 米，北方宽度＜2.0 米固定的沟、渠、路和地坎(埂)；包括直接利用地表耕作层种植的温室、大棚、地膜等保温、保湿设施用地。

园地 指种植以采集果、叶、根、茎、枝、汁等为主的集约经营的多年生木本和草本作物，覆盖度大于 50%和每亩株数大于合理株数 70%的土地。包括用于育苗的土地。

林地 指生长乔木、竹类、灌木的土地。不包括生长林木的湿地，城镇、村庄范围内的绿化林木用地，铁路、公路征地范围内的林木，以及河流、沟渠的护堤林用地。

草地 指生长草本植物为主的土地，包括乔木郁闭度＜0.1 的疏林草地、灌木覆盖度＜40％的灌丛草地，不包括生长草本植物的湿地。

湿地 指陆地和水域的交汇处，水位接近或处于地表面，或有浅层积水，且处于自然状态的土地。

城镇村及工矿用地 指城乡居民点、独立居民点以及居民点以外的工矿、国防、名胜古迹等企事业单位用地，包括其内部交通、绿化用地。

交通运输用地 指用于运输通行的地面线路、场站等的土地。包括民用机场、汽车客货运场站、港口、码头、地面运输管道和各种道路以及轨道交通用地。

水域及水利设施用地 指陆地水域、沟渠、水工建筑物等用地。不包括滞洪区。

七、林业

造林面积 指在宜林荒山荒地、宜林沙荒地、无立木林地、疏林地和退耕地等其他宜林地上通过人工措施形成或恢复森林、林木、灌木林的过程。

人工造林 指在疏林地、一般灌木林地、其他规划用于造林绿化的土地上，通过人工措施营建森林的过程。

飞播造林 指通过飞机播种，并辅以适当的人工措施，在自然力的作用下使其形成森林或灌木林，提高森林植被覆盖率的技术措施。

封山育林 指对具有天然下种或萌蘖能力的疏林地、迹地、一般灌木林地、其他规划用于造林绿化的土地以及未成林造林地、低质低效林地，实施封禁或辅以人工辅助育林措施，从而恢复森林或提高森林质量的一项技术措施。

退化林修复 指为改善林分的活力和结构、有效遏制林分退化、提高林分质量和恢复森林功能，对结构失调和稳定性降低、功能退化甚至丧失且自然更新能力弱的林分采取的结构调整、树种替换、补植补播、嫁接复壮等森林培育措施。

人工更新 指在采伐迹地、火烧迹地通过人工造林重新形成森林的过程。

种草改良面积 指通过人工种草、飞播种草、草原改良、围栏封育等措施进行草原生态修复的面积之和。

人工种草 指通过人工方式播种、栽种等措施增加牧草（包含草本、半灌木、饲用灌木）数量、提升牧草质量的措施，包含建设人工草地和免耕补播。同时实施人工种草、草原改良、围栏封育等措施的只计入人工种草。

飞播种草 指通过飞机播种方式增加牧草（包含草本、半灌木、饲用灌木）数量、提升牧草质量的措施。同时实施飞播种草、草原改良、围栏封育等措施的只计入飞播种草。

草原改良 指在天然草原上通过实施松土、平耙、切根、施肥、除杂、压盐压碱压沙、土壤改良、封育、灌溉等措施，使草原原生植被和生态得到恢复改善的措施。同时实施草原改良、围栏封育等措施的只计入草原改良。

围栏封育 指用围栏将草原暂时封闭一个时期，通过自然修复为主的方式逐渐恢复草原生态和生产能力的措施。

沙化土地面积 指已经沙化的土地和具有明显沙化趋势的土地，面积由国家林业和草原局组织的全国荒漠化和沙化调查监测确定。

沙化土地治理面积 指通过工程固沙、生物固沙等措施完成的沙化土地治理面积。

八、自然灾害及突发事件

滑坡 指斜坡上不稳定的岩土体在重力作用下沿一定软弱面(或滑动带)整体向下滑动的物理地质现象。

崩塌 指陡坡上大块的岩土体在重力作用下突然脱离母体崩落的物理地质现象。

泥石流 指山地突然爆发的饱含大量泥沙、石块的特殊洪流。

地面塌陷 指地表岩、土体在自然或人为因素作用下向下陷落，并在地面形成塌陷坑(洞)的一种动力地质现象。

突发环境事件 指突然发生，造成或可能造成重大人员伤亡、重大财产损失和对全国或者某一地区的经济社会稳定、政治安定构成重大威胁和损害，有重大社会影响的涉及公共安全的环境事件。

九、环境投资

环境污染治理投资 指在工业污染源治理和城镇环境基础设施建设的资金投入中，用于形成固定资产的资金。包括工业新老污染源治理工程投资、当年完成环保验收项目环保投资，以及城镇环境基础设施建设所投入的资金。

十、城市环境

道路长度 指道路长度和与道路相通的桥梁、隧道的长度，按车行道中心线计算。

城市桥梁 指为跨越天然或人工障碍物而修建的构筑物。包括跨河桥、立交桥、人行天桥以及人行地下通道等。

排水管道长度 指所有市政排水总管、干管、支管、检查井及连接井进出口等长度之和。

供水总量 指报告期供水企业(单位)供出的全部水量。包括有效供水量和漏损水量。。

供水普及率 指报告期末城区用水人口数与城市人口总数的比率。计算公式：

供水普及率=城区用水人口数/（城区人口+城区暂住人口）×100%

城市污水处理能力 指污水处理厂(或污水处理装置)每昼夜处理污水量的设计能力。

供气管道长度 指报告期末从气源厂压缩机的出口或门站出口至各类用户引入管之间的全部已经通气、投入使用的管道长度。不包括新安装尚未使用，煤气生产厂、输配站、液化气储存站、灌瓶站、储配站、气化站、混气站、供应站等厂(站)内，以及用户建筑物内的管道。

供气总量 指报告期燃气企业(单位)向用户供应的燃气数量。包括销售量和损失量。

燃气普及率 指报告期末城区使用燃气的城市人口数与城市人口总数的比率。其中燃气包括人工煤气、天然气、液化石油气三种。计算公式为：

燃气普及率=城区用气人口数/（城区人口+城区暂住人口）×100%

城市供热能力 指供热企业(单位)向城市热用户输送热能的设计能力。

城市供热总量 指在报告期供热企业(单位)向城市热用户输送全部蒸汽和热水的总热量。

城市供热管道长度 指从各类热源到热用户建筑物接入口之间的全部蒸汽和热水的管道长度。不包括各类热源厂内部的管道长度。

生活垃圾清运量 指报告期收集和运送到各生活垃圾处理厂(场)和生活垃圾最终消纳点的生活垃圾数量。生活垃圾指城市日常生活或为城市日常生活提供服务的活动中产生的固体废物以及法律行政规定的视为城市生活垃圾的固体废物。包括：居民生活垃圾、商业垃圾、集市贸易市场垃圾、清扫街道和公共场所的垃圾、机关、学校、厂矿等单位的生活垃圾。

生活垃圾无害化处理率 指报告期生活垃圾无害化处理量与生活垃圾产生量的比率。在统计上，由于生活垃圾产生量不易取得，可用清运量代替。计算公式为：

$$生活垃圾无害化处理率=\frac{生活垃圾无害化处理量}{生活垃圾产生量}\times 100\%$$

城市绿地面积 指报告期末用作园林和绿化的各种绿地面积。包括公园绿地、防护绿地、广场用地、附属绿地和位于建成区范围内的区域绿地面积。

公园绿地 向公众开放，以游憩为主要功能，兼具生态、景观、文教和应急避险等功能，有一定游憩和服务设施的绿地。

十一、农村环境

卫生厕所 指有完整下水道系统的水冲式、三格化粪池式、净化沼气池式、多翁漏斗式公厕以及粪便及时清理并进行高温堆肥无害化处理的非水冲式公厕。

累计使用卫生公厕户数 指农民因某种原因没有兴建自己的卫生厕所，而使用村内卫生公厕户数。

Explanatory Notes on Main Statistical Indicators

Ⅰ. Natural Conditions

Annual Average Temperature Temperature refers to the average air temperature on a regular basis, generally expressed in centigrade in China. Thermometers used for meteorological observation are placed in well-ventilated shelters about 1.5 meters above the ground. Therefore, the commonly used temperature refers to the temperature in the shelter 1.5 meters above the ground. The calculation method is as follows: The summation of daily average temperature of one month divided by the actual days of that month represents the monthly average temperature. The summation of monthly average temperature of a year divided by 12 represents the annual average temperature.

Annual Average Relative Humidity Humidity refers to the ratio of actual vapour pressure in the air to the saturation water vapour pressure at the current temperature, usually expressed in percentage terms. The calculation method is the same as that of average temperature.

Annual Precipitation Precipitation refers to the depth of water in liquid state or solid state (thawed), falling from atmosphere onto the ground without being evaporated, percolating or running off. It is usually expressed in millimeters. The calculation method is as follows: The monthly precipitation is obtained by the sum of daily precipitation of the month, and the annual precipitation is the sum of monthly precipitation of the 12 months of the year.

Annual Sunshine Hours Sunshine hours refer to the actual hours of sun irradiating the earth, usually expressed in hours. The calculation method is the same as that of the precipitation.

Ⅱ. Freshwater Environment

Total Water Resources refers to total volume of surface water and groundwater which is from the local precipitation and is measured as the summation of run-off for surface water and recharge of groundwater from local precipitation.

Surface Water Resources refers to total volume of yearly renewable water flow which exist in rivers, lakes, glaciers and other surface water, and are measured as the natural run-off of local rivers.

Groundwater Resources refers to total volume of yearly renewable water flow which exist in saturation aquifers of groundwater, and are measured as recharge of groundwater from local precipitation and surface water.

Duplicated Amount of Surface Water and Groundwater refers to the part of mutual transfer between surface water and groundwater, i.e. which is the run-off of rivers includes some depletion into groundwater while groundwater includes recharge from surface water.

Water Supply refers to gross water supplied by various sources, including losses during distribution.

Surface Water Supply refers to withdrawals through the surface water supply system, which can be divided into four categories: storage, flow, pumping and transfer project.

Groundwater Supply refers to withdrawals from supplying wells, which can be divided into three categories: shallow layer freshwater, deep confided freshwater and slightly brackish water.

Other Water Supply include supplies by water reclamation plants, rainwater collection projects, seawater desalinization facilities and the consumption of mine water.

Total Water Use refers to gross water used by various off-stream water users, including losses during distribution, while excluding the direct use of seawater and in-stream water use such as hydroelectric generation and shipping.

Water Use for Agriculture includes uses of water for irrigation of cultivated land, forest land, garden land and grass land, replenishment of fishing farms and water used for livestock raising.

Water Use for Industry refers to water use by industrial and mining enterprises in the production process of manufacturing, processing, cooling, air conditioning, cleansing, washing, etc. Only including new withdrawals of water, excluding reuse of water within enterprise.

Water Use for Households and Service includes water use in both urban and rural areas. Urban water use is composed of households use and public use (including tertiary industry and construction). Rural water use refers to households use.

Water Use for Artificial Eco-environment only includes the artificially supplied water used for urban environment and the artificial replenishment of some rivers, lakes and wetlands. The amount of water supplied by precipitation and runoff is not included.

Waste Water Discharged by Industry refers to the volume of waste water discharged by industrial enterprises through all their outlets, including waste water from production process, directly cooled water, groundwater from mining wells which does not meet discharge standards and sewage from households mixed with waste water produced by industrial activities, but excluding indirectly cooled water discharged (It should be included if the discharge is not separated with waste water).

Number of Industrial Wastewater Treatment Facilities refers to the number of existing facilities (including constructions) for the prevention and control of water pollution and the comprehensive utilization of treated water in enterprises over the year of the survey, a wastewater treatment system as a unit. The subsidiary water treatment equipments and ancillary equipments are not calculated separately. It excludes the standby facilities, facilities not running during the year of survey and the scrapped facilities.

Treatment Capacity of Industrial Wastewater Treatment Facilities refers to the actual capacity of the wastewater treatment of internal wastewater treatment facilities in enterprises over the year of the survey.

Expenditure of Industrial Wastewater Treatment Facilities refers to the costs of maintaining wastewater treatment facilities in enterprises over the year of the survey. It includes energy consumption, equipment maintenance, staff wages, management fees, pharmacy fees and other expenses associated with the operation of the facility.

Ⅲ. Marine Environment

Sea Area with Water Quality at Grade Ⅱ refers to marine area meeting the national quality standards for Grade II marine water, suitable for marine cultivation, bathing, marine sport or recreation activities involving direct human touch of marine water, and for sources of industrial use of water related to human consumption.

Sea Area with Water Quality at Grade Ⅲ refers to marine area meeting the national quality standards for Grade III marine water, suitable for water sources of general industrial use.

Sea Area with Water Quality at Grade Ⅳ refers to marine area meeting the national quality standards for Grade IV marine water, only suitable for harbors and ocean development activities.

Sea Area with Water Quality Inferior to Grade Ⅳ refers to marine area where the quality of water is worse than the national quality standards for Grade IV marine water.

Ⅳ. Atmospheric Environment

Industrial Sulphur Dioxide Emission refers to the total volume of sulphur dioxide emitted into the atmosphere in the production processes of enterprises over the year of the survey, which includes the organized emissions and the unorganized emissions. Industrial sulfur dioxide comes mainly from the combustion of fossil fuels (coal, oil, etc.), but also includes industrial emissions in sulphide of smelting and in sulfate or phosphate fertilizer producing.

Industrial Nitrogen Oxide Emission refers to the total volume of nitrogen oxide emitted into the atmosphere in the production processes of enterprises over the year of the survey, which includes the organized emissions and the unorganized emissions.

Industrial Particulate Matter Emission refers to the total volume of soot and industrial dust emitted into the atmosphere in the production processes of enterprises over the year of the survey, which includes the organized emissions and the unorganized emissions.

Industrial Waste Gas Emission refers to the total volume of pollutant-containing gas emitted into the atmosphere in the fuel combustion and production processes within the area of the factory in the reporting period in standard conditions (273K, 101325Pa).

Number of Industrial Waste Gas Treatment Facilities refers to the total number of waste gas treatment facilities for reducing or recycling pollutants in enterprises over the year of the survey, a waste gas treatment system as a unit. It includes flue gas treatment facilities of dust removal, desulfurization, denitration and other pollutants. It excludes the standby facilities, facilities not running during the year of survey and the scrapped facilities.

Expenditure of Industrial Waste Gas Treatment Facilities refers to the running costs of the waste gas treatment facilities to maintain over the year of the survey. It includes energy consumption, equipment depreciation, equipment maintenance, staff wages, management fees, pharmacy fees and other expenses associated with the operation of the facility.

Ⅴ. Solid Waste

Common Industrial Solid Wastes Generated refers to the amount of common industrial solid wastes the surveyed units actual generated over the year. The common industrial solid wastes refers to the industrial solid wastes that are generated during the industrial process and are not hazardous wastes..

Common Industrial Solid Wastes Utilized refers to amount of solid wastes from which useable materials can be extracted or converted into usable resources, energy or other materials through reclamation, processing, recycling and exchange (including utilizing in the year the stocks of industrial solid wastes of the previous year) generated by surveyed units over the year of the survey, e.g. being used as agricultural fertilizers, building materials, material for paving road or as backfill material. The information should be measured as the unit of generating wastes.

Common Industrial Solid Wastes Disposed refers to the amount of industrial solid wastes disposed, which covers the amount of previous years, through incineration or other methods to change its physical, chemical and biological properties to reduce or eliminate the hazards or land filled in the sites following the requirements for environmental protection by surveyed units over the year of the survey.

Hazardous Wastes Generated refers to the amount of actual hazardous wastes generated by surveyed units over the year of the survey, which is covered secondary generation during the process of disposal and reuse of hazardous wastes. Hazardous waste refers to those listed in the National Hazardous Wastes catalogue or identified as any one of the hazardous properties in light of the national hazardous wastes identification standards and methods. It should be reported following the National Catalogue of Hazardous Wastes (2016 Version).

Hazardous Wastes Integrated Utilized and Disposed refers to the amount of hazardous wastes that are used to extract materials for raw materials or fuel over the year of the survey, and the amount of hazardous wastes which are incineration or specially disposed using other methods to change its physical, chemical and biological properties and thus to reduce or eliminate the hazards, or placed ultimately in the sites following the requirements for environmental protection over the year of the survey. It includes the hazardous wastes generated by the enterprise itself and received from other enterprises.

Ⅵ. Natural Ecology

Nature Reserves refer to the area that protect typical natural ecosystems, natural concentrated distribution of rare and endangered wild animal and plant species, and natural relics of special significance. It has a large area to ensure the safety of the main protected objects, and to maintain and restore the quantity of rare and endangered wild animals and plants and their habitats.

Cultivated Land refers to the land that mainly for the regular cultivation of farm crops by using the surface tillage layer, planting more than one harvest a year (including perennial crops cultivated by more than one harvest a year), including cultivated land, newly-developed land, reclaimed land, consolidated land, fallow; It covers the land with some fruit trees, mulberry trees and others; It also covers fixed ditch, canal, road and sill (ridge) with width less than 1 meter in the South and 2 meters in the North; It covers the land for thermal insulation and moisturizing facilities such as greenhouse, greenhouse and plastic film planted directly by surface tillage layer.

Garden Land refers to land for intensive cultivation of perennial woody plants and herbs to collect fruits, leaves, roots, stems, branches and juice, with a coverage rate over 50% and plant number over 70% of rational plant number per mu. Land for nursery is included.

Forest Land refers to land for planting arbor, bamboo, bush shrub. It does not include the wetland where trees grow, the land for greening trees within the scope of towns and villages, the forest within the scope of railway and highway land acquisition, the land for revetment forest of rivers and ditches.

Grassland refers to land mainly for the growth of herbaceous forage crops. It includes sparse forest grassland with tree canopy density less than 0.1, shrub grassland with shrub coverage less than 40%, excluding wetlands with herbaceous plants.

Wetland refers to the land at the intersection of land and water, where the water level is close to or on the ground surface, or there is shallow ponding and is in a natural state.

Land for Urban, Rural, Industrial and Mining Activities refer to urban and rural residential areas, independent residential areas, and the land used by enterprises and institutions such as industrial and mining, national defense and scenic spots outside residential areas, including their internal traffic and greening land.

Land Used for Transport refers to the land for ground lines, stations, etc. used for transportation. It includes civil airport, automobile passenger and freight transport station, port, wharf, ground transportation pipeline, various roads and rail transit land.

Land Used for Water and Water Conservancy Facilities refers to land for water areas, ditches, hydraulic structures, etc. Flood detention area is not included.

Ⅶ. Forestry

Area of Afforestation refers to the total area of land suitable for afforestation, including barren hills, idle land, sand dunes, non-timber forest land, woodland and "grain for green" land, on which acres of forests, trees and shrubs are planted through manual planting.

Manual Planting refers to artificial afforestation on the sparse woodland and shrubland and other regulated woodland suitable for afforestation.

Airplane Planting refers to forests or shrubbery that are planted by airplanes with appropriate artificial help and are formed with the influence of natural power,which can improve vegetation coverage rate of forests.

Closed Hillsides for Afforestation the implementation of closure or artificial assisted afforestation measures in sparse forests, fallow land, general shrublands, other planned land for afforestation and greening, as well as unfinished forest land, low-quality and inefficient forests with natural planting or sprouting ability, which is a technical measure to restore or improve the quality of forests .

Restoration of Degraded Forest forest cultivation measures such as structural adjustment, tree species replacement, replanting, grafting and rejuvenation are adopted for forests with structural imbalance and reduced stability, functional degradation or even loss, and weak natural regeneration ability, which can help to improve the vitality and structure of forest stands, effectively curb forest degradation, improve forest quality, and restore forest function.

Artificial Regeneration refers to forest reforming process on the logging slash, slash burning sites.

Grass Planting and Improvement Area refers to the total area of grassland ecological restoration through measures such as artificial grass planting, aerial seeding, grassland improvement, and fence enclosure.

Artificial Grass Planting refers to the measures to increase the quantity of forage (including herbaceous, semi shrub, and feed shrub) and improve the quality of forage through manual sowing and planting, including the construction of artificial grasslands and no till replanting. Implementing measures such as artificial grass planting, grassland improvement, and fence enclosure will only be counted as artificial grass planting.

Grass Planting by Aircrafts refers to the measures to increase the quantity of forage (including herbaceous, semi shrub, and feed shrub) and improve the quality of forage through aircraft seeding. Implementing measures such as aerial seeding, grassland improvement, and fence enclosure will only be counted as grass planting by aircrafts.

Grassland Improvement refers to the measures such as loosening soil, raking, root cutting, fertilization, impurity removal, salt and alkali pressure, soil improvement, enclosure, and irrigation that are implemented on natural grasslands to restore and improve the original vegetation and ecology of the grasslands. Implementing measures such as grassland improvement and enclosure will only be included in grassland improvement.

Fencing refers to the measure of temporarily enclosing grasslands with fences for a period of time. It can gradually restore grassland ecology and production capacity by means of natural restoration.

Sandy Land Area refers to the land that has already been desertified and has a clear trend of desertification. The area is justified by the survey and monitoring system of national desertification and desertification that is organized by the National Forestry and Grassland Administration.

Area of Desertification Control refers to the the area of desertification control through engineering sand fixation and biological sand fixation.

Ⅷ. Natural Disasters & Environmental Accidents

Landslides refer to the geological phenomenon of unstable rocks or earth on slopes sliding down along certain soft surface as a result of gravity.

Collapse refers to the geological phenomenon of large mass of rocks or earth suddenly collapsing from the mountain or cliff as a result of gravity.

Debris Flow refers to the sudden rush of flood torrents containing large amount of mud and rocks in mountainous areas.

Ground Collapse refers to the geological phenomenon of surface rocks or earth subsiding into holes or pits as a result of natural or human factors.

Abrupt Environmental Accidents refer to environmental emergencies that caused or likely to cause significant causalities, serious property damages and pose a major threat and damage to the economic, social or political stability of the country or a region, or have significant social impact that related to the public safety.

Ⅸ. Environmental Investment

Investment in Treatment of Environment Pollution refers to the fixed assets investment in the treatment of industrial pollution and in the construction of environment infrastructure facilities in cities and towns. It includes investment in treatment of industrial pollution, environment protection investment in environment protection acceptance project in this year, and investment in the construction of environment infrastructure facilities in cities and towns.

Ⅹ. Urban Environment

Length of Roads refers to the length of roads with paved surface, including bridges and tunnels connected with roads. Length of the roads is measured by the central lines.

Urban Bridges refer to bridges built to cross over natural or man-made barriers, including bridges over rivers, overpasses for traffic and for pedestrians, underpasses for pedestrians, etc.

Length of Urban Drainage Pipes refers to the total length of municipal general drainage, trunks, branch and inspection wells, connection wells, inlets and outlets, etc.

Volume of Water Supply refers to the total volume of water supplied by water-works (units) during the reference period, including both the effective water supply and loss during the water supply.

Water Coverage Rate refers to the ratio of the urban population with access to water supply to the total urban population at the end of reference period. The formula is:

Water Coverage Rate= Urban Population with Access to Water Supply / Urban Population ×100%

Treatment Capacity of Urban Waste Water refers to the designed 24-hour capacity of waste water disposal by the waste water treatment works or facilities.

Length of Gas Supply Pipelines refers to the total length of pipelines in use between the outlet of the compressor of gas-work or outlet of gas stations and the leading pipe of users, excluding pipelines newly installed but not in use yet, pipelines within gasworks, delivery stations, LPG storage stations, refilling stations, gas-mixing stations and supply stations, and pipelines in the users' buildings.

Volume of Gas Supply refers to the total volume of gas provided to users by gas-producing enterprises (units) during the reporting period, including the volume sold and the volume lost.

Gas Coverage Rate refers to the ratio of the urban population with access to gas to the total urban population at the end of the reference period. The formula is:

Gas Coverage Rate = Urban Population with Access to Gas / Urban Population × 100%

Heating Capacity in Urban Area refers to the designed capacity of heating enterprises (units) in supplying heating energy to urban users during the reference period.

Quantity of Heat Supplied in Urban Area refers to the total quantity of heat from steam and hot water supplied to urban users by heating enterprises (units) during the reference period.

Length of Heating Pipelines refers to the total length of steam or hot water pipelines for sources of heat to the leading pipelines of the buildings of the users, excluding internal pipelines in heat generating enterprises.

Domestic Garbage Collected and Transported refers to volume of domestic garbage collected and transported to disposal factories or sites during the reference period. Domestic garbage are solid wastes generated from urban households or from service activities for urban households, and solid wastes regarded as municipal domestic garbage according to the laws and administrative regulations, including those from households, commercial activities, markets, cleaning of streets, public sites, offices, schools, factories, mining units and other sources.

Rate of Domestic Garbage Harmless Treatment refers to the ratio of the volume of domestic garbage harmlessly treated to the volume of domestic garbage produced during the reference period. In practical statistics, as the volume of domestic garbage produced is difficult to obtain, it can be replaced by the volume of collected and transported. It is calculated as:

Rate of Domestic Garbage Harmless Treatment=

Volume of Domestic Garbage Harmlessly Treated / Volume of Domestic Garbage Produced×100%

Area of Parks and Green Space refers to the total area occupied for green projects at the end of the reference period, including public recreational green space, protection green land, land for squares, green land attached to institutions, and other green areas..

Public Recreational Green Space refers to green areas open to the public for amusement and rest with the facilities of amusement, rest and services. Its function also includes improving ecology, beautifying landscape, education and preventing and reducing disaster.

Ⅺ. Rural Environment

Sanitary Lavatories refer to lavatories with complete flushing and sewage systems in different forms, and lavatories without flushing and sewage system where ordure is properly disposed of through high-temperature deposit process for making organic manure.

Households Using Public Lavatories refer to the number of households using public sanitary lavatories in the village without building their private sanitary lavatories.